趣玩 Python

双色+视频版

自动化办公真简单

关东升 著

电子工业出版社
Publishing House of Electronics Industry
北京·BEIJING

内 容 简 介

本书以数据收集→数据清洗→数据分析→数据可视化→根据数据可视化结果（即图表）做决策为脉络，介绍 Python 在实际工作场景中的应用，侧重于用 Python 解决工作中的数据处理问题，并通过实战形式讲解如何用 Python 实现数据收集、数据清洗、数据分析及可视化等工作。本书还详细讲解了 Python 自动化办公方面的内容，包括：Excel 自动化、Word 自动化、PPT 自动化、PDF 文件处理、图形图像处理和 RPA（机器人流程自动化），并介绍了 GUI 技术和应用程序打包相关知识。

本书秉承有趣、有料、好玩、好用的理念，特意设计了两个人物角色，通过这两个人物角色的轻松对话、搞笑形象及夸张动作，把复杂的技术问题讲解得深入浅出，非常适合广大读者阅读。

未经许可，不得以任何方式复制或抄袭本书之部分或全部内容。
版权所有，侵权必究。

图书在版编目（CIP）数据

趣玩 Python：自动化办公真简单：双色+视频版 / 关东升著. —北京：电子工业出版社，2021.12
ISBN 978-7-121-42297-3

Ⅰ. ①趣… Ⅱ. ①关… Ⅲ. ①软件工具－程序设计 Ⅳ. ①TP311.561

中国版本图书馆 CIP 数据核字（2021）第 228526 号

责任编辑：张国霞
印　　刷：三河市双峰印刷装订有限公司
装　　订：三河市双峰印刷装订有限公司
出版发行：电子工业出版社
　　　　　北京市海淀区万寿路 173 信箱　邮编：100036
开　　本：787×980　1/16　印张：17.5　字数：450 千字
版　　次：2021 年 12 月第 1 版
印　　次：2021 年 12 月第 1 次印刷
印　　数：5000 册　定价：89.00 元

凡所购买电子工业出版社图书有缺损问题，请向购买书店调换。若书店售缺，请与本社发行部联系，联系及邮购电话：(010) 88254888，88258588。
质量投诉请发邮件至 zlts@phei.com.cn，盗版侵权举报请发邮件至 dbqq@phei.com.cn。
本书咨询联系方式：010-51260888-819，faq@phei.com.cn。

读者服务

微信扫码回复：42297

- 获取本书配套视频、源码、课件等素材
- 加入本书读者交流群，与作者互动
- 获取【百场业界大咖直播合集】（持续更新），仅需 1 元

致谢

感谢电子工业出版社的张国霞编辑在本书出版过程中给予我们指导与鞭策。

感谢赵大羽老师手绘书中全部漫画并进行图解等工作。

感谢智捷团队的赵志荣、关锦华参与本书的部分编写工作。

感谢我们的家人容忍我们的忙碌，并给予我们关心和照顾，使我们能抽出这么多时间，投入全部精力编写本书。

由于时间仓促，书中难免存在不妥之处，敬请读者谅解并提出宝贵意见。

关东升　2021 年秋于齐齐哈尔

目录

第 1 章 千里之行,始于足下——Python 基础 1
1.1 Python 解释器 2
1.2 PyCharm 开发工具 3
1.2.1 下载和安装 4
1.2.2 设置 PyCharm 工具 5
1.3 第一个 Python 程序 7
1.3.1 创建项目 7
1.3.2 创建 Python 代码文件 9
1.3.3 编写代码 10
1.3.4 运行程序 11
1.4 文本编辑工具+Python 解释器实现 11
1.4.1 编写代码 11
1.4.2 运行程序 12

目录

1.4.3　代码解释 ... 13
1.5　Python 中的基础语法 ... 14
1.5.1　标识符 ... 14
1.5.2　关键字 ... 15
1.5.3　变量声明 ... 15
1.5.4　语句 ... 15
1.5.5　代码块 ... 16
1.5.6　模块 ... 16
1.6　数据类型与运算符 ... 17
1.6.1　数据类型 ... 17
1.6.2　运算符 ... 19
1.7　控制语句 ... 22
1.7.1　分支语句 ... 22
1.7.2　循环语句 ... 24
1.7.3　跳转语句 ... 27
1.8　序列 ... 28
1.8.1　索引操作 ... 28
1.8.2　序列切片 ... 29
1.8.3　可变序列——列表 ... 30
1.8.4　不可变序列——元组 ... 31
1.8.5　列表推导式 ... 32
1.9　集合 ... 33
1.9.1　创建集合 ... 33
1.9.2　集合推导式 ... 34
1.10　字典 ... 34
1.10.1　创建字典 ... 35
1.10.2　字典推导式 ... 36
1.11　字符串 ... 36
1.11.1　字符串的表示方式 ... 36
1.11.2　将字符串格式化 ... 38
1.11.3　正则表达式 ... 39
1.12　函数 ... 40
1.12.1　匿名函数与 lambda 表达式 ... 41
1.12.2　数据处理中的两个常用函数 ... 42
1.13　文件操作与目录管理 ... 44
1.13.1　文件操作 ... 44
1.13.2　文本文件读写 ... 46

1.13.3　二进制文件读写 47
　　1.13.4　os 模块 48
　　1.13.5　os.path 模块 49
1.14　异常处理机制 51
　　1.14.1　捕获异常 51
　　1.14.2　释放资源 52

第 2 章　让"虫子"帮你收集数据——网络爬虫技术 56

2.1　数据从哪里来——收集数据 56
2.2　收集股票的历史交易数据 58
2.3　自动爬取数据 60
2.4　从繁杂的 HTML 代码中解析数据——使用 BeautifulSoup 库 62
2.5　爬不到数据怎么办——使用 Selenium 工具 68
　　2.5.1　Ajax 动态数据 70
　　2.5.2　使用 Selenium 爬取数据 70
2.6　有验证码怎么办 74
　　2.6.1　验证码概述 74
　　2.6.2　验证码识别 74
　　2.6.3　安装 OCR 引擎 Tesseract 75
　　2.6.4　安装 pytesseract 76
　　2.6.5　安装 Pillow 库 77
　　2.6.6　安装 OpenCV 78
　　2.6.7　验证码识别前的图像预处理 78
　　2.6.8　验证码识别过程 79
2.7　实战训练：电网考试平台的验证码识别 81
　　2.7.1　配置自己的 Web 服务器 81
　　2.7.2　启动 Web 服务器 82
　　2.7.3　使用 Selenium 模拟登录过程 82
2.8　提高"虫子"的工作效率 86

第 3 章　洗一洗"脏数据"——数据清洗 89

3.1　数据清洗那些事儿 89
3.2　访问 Excel 文件库——xlwings 库 90
　　3.2.1　xlwings 库中对象的层次关系 91
　　3.2.2　打开 Excel 文件并读取其单元格数据 91
　　3.2.3　如何获取表格区域 93

         3.2.4　获取表格行数和列数 96
         3.2.5　转置表格 97
         3.2.6　单元格默认的数据类型 98
         3.2.7　写入单元格数据 99
         3.2.8　设置单元格样式 102
         3.2.9　这样遍历单元格太麻烦了 104
         3.2.10　删除列 105
         3.2.11　删除行 106
         3.2.12　调用 VBA 宏批量删除重复的数据 107
         3.2.13　找出格式不统一的数据 110
    3.3　填充缺失的值 111
         3.3.1　固定值填充 112
         3.3.2　平均值填充 113

第 4 章　把"宝贝"收好了——数据存储 115

    4.1　读取 CSV 文件 116
    4.2　将爬取的数据保存为 CSV 文件 117
    4.3　SQLite 数据库 118
    4.4　使用 GUI 管理工具管理 SQLite 数据库 119
    4.5　sqlite3 模块 API 121
    4.6　将爬取的数据保存到 SQLite 数据库 122
    4.7　在数据库中查询数据 124

第 5 章　找出隐藏在数据中的"黄金屋"——数据分析 126

    5.1　数据分析那些事儿 126
    5.2　使用 Excel 进行数据分析 127
         5.2.1　老板让我找出北京周边的房价信息 127
         5.2.2　找出北京周边房屋面积大于 120m² 的小区 129
         5.2.3　找出东城区和西城区房屋面积大于 120m² 的小区 130
         5.2.4　找出有北京最高房价的小区 131
    5.3　让"熊猫"帮我们分析数据——使用 pandas 库 132
         5.3.1　Series 数据结构 132
         5.3.2　DataFrame 数据结构 134
    5.4　使用 pandas 库读取 Excel 文件 136
         5.4.1　举个"栗子":从 Excel 文件中读取全国总人口数据 137
         5.4.2　跳过头部行和尾部行 138

	5.4.3	当"熊猫"遇到 CSV 文件 139
	5.4.4	当"熊猫"遇到 SQLite 141
	5.4.5	使用 pandas 库写入数据到 CSV 文件 143
	5.4.6	使用 pandas 库写入数据到 Excel 文件 144
	5.4.7	使用 pandas 库找出各城区有最高房价的小区 145
	5.4.8	按照各城区的平均房价排序 146
5.5	数据分析与数据透视表的故事 148

第 6 章 一图抵万言——数据可视化 151

6.1	数据可视化那些事儿 151
6.2	使用 Matplotlib 库绘制图表 152

	6.2.1	安装 Matplotlib 库 152
	6.2.2	图表的基本构成要素 152
	6.2.3	绘制城区最高房价柱状图 153
	6.2.4	北京房价区间占比饼状图 155
	6.2.5	北京各城区房价分布散点图 157
	6.2.6	贵州茅台股票的历史成交量折线图 158
	6.2.7	绘制股票的历史 OHLC 图 159

6.3	调用 Excel 绘制图表 161

	6.3.1	绘制三维折线图 161
	6.3.2	绘制三维簇状条形图 163

第 7 章 办公离不开的"字"处理——操作 Word 文件 165

7.1	访问 Word 文件库——python-docx 库 165

	7.1.1	python-docx 库中的那些对象 166
	7.1.2	打开 Word 文件并读取内容 167
	7.1.3	写入数据到 Word 文件 169
	7.1.4	在 Word 文件中添加表格 171
	7.1.5	设置文件样式 173
	7.1.6	修改文件样式 175

7.2	解决在工作中使用 Word 时遇到的问题 176

	7.2.1	批量转换.doc 文件为.docx 文件 176
	7.2.2	采用模板批量生成证书文件 178
	7.2.3	批量统计文件页数和字数 181
	7.2.4	批量转换 Word 文件为 PDF 文件 183

第 8 章 演示利器 PPT——操作 PPT 文档 186

8.1 访问 PowerPoint 文档库——python-pptx 库 186
8.1.1 PPT 中的基本概念 187
8.1.2 python-pptx 库中的那些对象 188
8.1.3 创建 PPT 文档 189
8.1.4 添加更多的幻灯片 190
8.1.5 在 PPT 幻灯片中添加表格 192
8.1.6 在 PPT 幻灯片中添加图表 195

8.2 解决在工作中使用 PPT 时遇到的实际问题 197
8.2.1 批量转换 .ppt 文档为 .pptx 文档 197
8.2.2 批量转换 PPT 文档为 PDF 文件 199

第 9 章 操作跨平台的文件格式——PDF 文件 201

9.1 PDF 文件的优势 201
9.2 操作 PDF 文件库——PyPDF2 库 202
9.2.1 PyPDF2 库中的对象 202
9.2.2 读取 PDF 文件的内容 202
9.2.3 拆分 PDF 文件 204
9.2.4 用更多的方法拆分 PDF 文件 205
9.2.5 合并 PDF 文件 207
9.2.6 对 PDF 文件批量添加水印 208
9.2.7 批量加密 PDF 文件 211
9.2.8 批量解密 PDF 文件 213
9.2.9 暴力破解 PDF 文件的密码 214

9.3 解析 PDF 文件库——pdfplumber 库 216
9.3.1 提取 PDF 文件中的文本信息 216
9.3.2 提取 PDF 文件中的表格信息 217

第 10 章 有图有真相——批量处理图像文件 218

10.1 图像处理库——Pillow 库 218
10.1.1 读取图像文件的信息 219
10.1.2 我想要 png 文件——批量转换图像格式 221
10.1.3 批量设置图像的大小 222

10.2 旋转图像 225
10.3 添加水印 226

10.4 生成各种各样的"码" 228
10.4.1 批量生成二维码 228
10.4.2 批量生成条码 231

第 11 章 坐在旁边喝点茶——RPA（机器人流程自动化）........... 234

11.1 自动化 Windows GUI 库——pywinauto 库 234
11.1.1 如何使用 pywinauto 库 235
11.1.2 在记事本中自动输入信息 240
11.2 微信客服机器人 242

第 12 章 给你的程序穿上"马甲"——使用 GUI 库 247

12.1 为什么选择 Tkinter 247
12.1.1 编写第一个 Tkinter 程序 248
12.1.2 为按钮添加事件处理功能 249
12.2 布局管理 250
12.2.1 pack 布局的更多属性 251
12.2.2 grid 布局 252
12.3 工作中常用的控件 253
12.3.1 使用 messagebox 253
12.3.2 进度条 256
12.3.3 文件选择器 259

第 13 章 将 Python 程序打包成 .exe 文件 263

13.1 安装 auto-py-to-exe 工具 264
13.2 使用 auto-py-to-exe 工具 265
13.3 打包成单个文件还是目录 268
13.4 包含资源文件怎么办 268

第 1 章　千里之行，始于足下——Python 基础

工欲善其事，必先利其器。在学习 Python 之前，让我们先了解如何搭建 Python 开发环境。

就开发工具而言，Python 官方只提供了一个解释器和交互式运行编程环境，没有提供 IDE（Integrated Development Environments，集成开发环境）工具。事实上，开发 Python 的第三方 IDE 工具非常多，这里列举 Python 社区推荐使用的几个工具。

- PyCharm：JetBrains 公司开发的 Python IDE 工具。
- Eclipse+PyDev 插件。
- Visual Studio Code：微软公司开发的能够支持多种计算机编程语言的 IDE 工具。

以上工具都有免费的版本，可以跨平台（Windows、Linux 和 MacOS）使用。从编程、调试、版本管理等角度来看，PyCharm 和 Eclipse+PyDev 都很强大，但 Eclipse+PyDev 的安装有些麻烦，除需要安装 Eclipse 外，还需要安装 PyDev 插件。Visual Studio Code 的风格类似于 Sublime Text 的 IDE 工具，同时兼顾微软 IDE 工具的易用性，只要安装相应的插件，几乎可以编写所有程序。Visual Studio Code 与 PyCharm 相比，内核小，占用内存少，但在开发 Python 时需要安装扩展（插件），更适合有一定开发经验的人使用。而 PyCharm 只要下载完成且安装成功就可以使用，需要做的配置工作非常少。

综上所述，这里推荐使用 PyCharm，本章将介绍 PyCharm 的安装和配置等内容。

1.1 Python 解释器

无论是否使用 IDE 工具，首先都应该安装 Python 解释器。由于历史原因，能够提供 Python 解释器的产品有多个，介绍如下。

（1）CPython。CPython 是 Python 官方提供的 Python 解释器，在一般情况下提到的 Python 都指 CPython。CPython 是基于 C 语言编写的，它实现的 Python 解释器能够将源码编译为字节码（Bytecode），与 Java 类似，然后由虚拟机执行，这样再次执行相同的源码文件时，如果源码文件没被修改过，它就会直接解释并执行字节码文件，这会加快程序的运行速度。

（2）PyPy。PyPy 是基于 Python 实现的 Python 解释器，速度比 CPython 快，但兼容性不如 CPython。

（3）Jython。Jython 是基于 Java 实现的 Python 解释器，可以将 Python 代码编译为 Java 字节码，在 Java 虚拟机上运行。

（4）IronPython。IronPython 是基于.NET 平台实现的 Python 解释器，可以使用.NETFramework 链接库。

考虑到兼容性等，本书使用 CPython 作为 Python 开发环境。CPython 有不同平台的版本（Windows、Linux、UNIX 和 MacOS），大部分 Linux、UNIX 和 MacOS 操作系统都已经安装了 Python 解释器，只是版本不同。

截至本书编写完成，Python 官方对外发布的最新版本是 Python 3.9。如图 1-1 所示是 Python 3.9 的下载界面，读者可以单击下载按钮下载适合本机的 Python 3 解释器版本，也可以根据需求选择不同操作系统版本的 Python 解释器。

在安装文件下载完成后，就可以安装 Python 了，双击该文件，开始安装，在安装过程中会弹出如图 1-2 所示的内容选择对话框，选中复选框"Add Python 3.9 to PATH"，可以将 Python 的安装路径添加到环境变量 PATH 中，这样就可以在任意目录下使用 Python 命令了。单击"Customize installation"按钮可以自定义安装，本例选择单击"Install Now"按钮进行默认安装，直到安装结束、关闭对话框，即可安装成功。

第 1 章　千里之行，始于足下——Python 基础

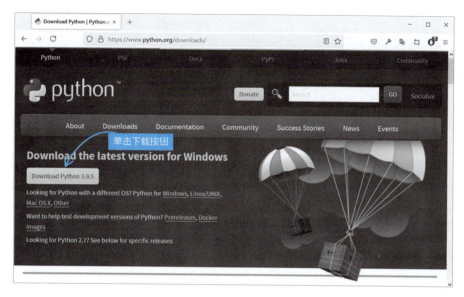

图 1-1

图 1-2

1.2　PyCharm 开发工具

扫码看视频

PyCharm 是 JetBrains 公司研发的开发 Python 的 IDE 工具。JetBrains 是捷克的一家公司，它开发的很多工具都好评如潮。如图 1-3 所示为 JetBrains 公司开发的工具，这些工具支持 C/C++、C#、

DSL、Go、Groovy、Java、JavaScript、Kotlin、Objective-C、PHP、Python、Ruby、Scala、SQL 和 Swift 等编程语言。

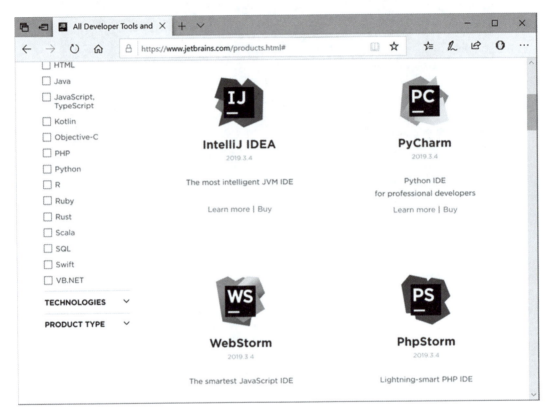

图 1-3

1.2.1 下载和安装

如图 1-4 所示是 PyCharm 的下载界面，可见 PyCharm 有两个版本：Professional 和 Community。Professional 是收费的，可以免费试用 30 天，如果试用超过 30 天，则需要购买软件许可（Licensekey）。Community 为社区版，是完全免费的。

第 1 章　千里之行，始于足下——Python 基础

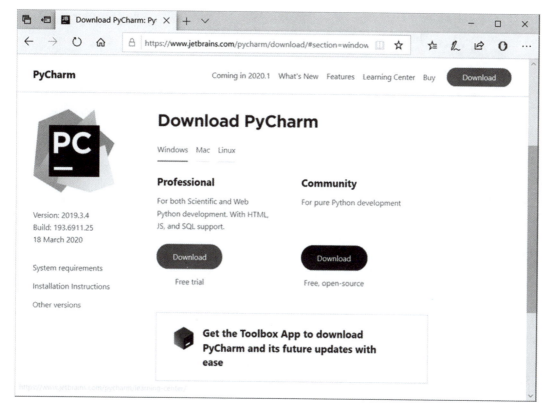

图 1-4

下载 PyCharm 安装文件成功后即可安装，安装过程非常简单，这里不再赘述。

1.2.2　设置 PyCharm 工具

首次启动安装成功的 PyCharm，需要根据个人喜好进行一些基本设置，设置过程非常简单，这里不再赘述。在基本设置完成后进入 PyCharm 欢迎界面，如图 1-5 所示。单击 PyCharm 欢迎界面左边的 Customize 按钮，打开如图 1-6 所示的使用偏好设置对话框，在使用偏好设置对话框中单击"All settings"按钮，打开 PyCharm 设置对话框，如图 1-7 所示。在 PyCharm 设置对话框中选择左边的 Python Interpreter（解释器），打开解释器配置对话框，在 Python Interpreter 下拉列表中选择解释器，如果在下拉列表中没有合适的解释器，则添加或选择其他解释器。设置完成后，单击 OK 按钮。

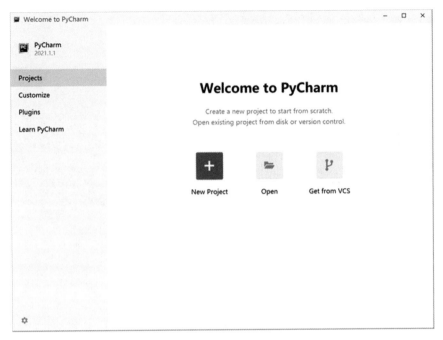

图 1-5

图 1-6

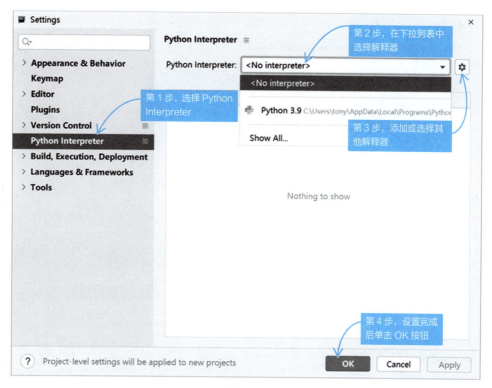

图 1-7

1.3 第一个 Python 程序

本节以 HelloWorld 程序为切入点，介绍如何使用 PyCharm 创建 Python 项目、编写 Python 文件及运行 Python 文件。

扫码看视频

1.3.1 创建项目

在 PyCharm 中通过项目（Project）管理 Python 源码文件，因此需要先创建一个 Python 项目，然后在项目中创建一个 Python 源码文件。

PyCharm 创建项目的过程：在如图 1-5 所示的 PyCharm 欢迎界面中，单击"New Project"按钮，或通过选择菜单 File→New Project，打开如图 1-8 所示的对话框，在 Location 文本框中输入项目名称"HelloProj"。如果没有设置 Python 解释器或想更换解释器，则可以单击如图 1-9 所示左上位置的三角按钮，展开 Python 解释器设置界面。对于只安装了一个版本的 Python 环境的读者，笔者推荐选择"Previously configured interpreter"（已存在解释器）。

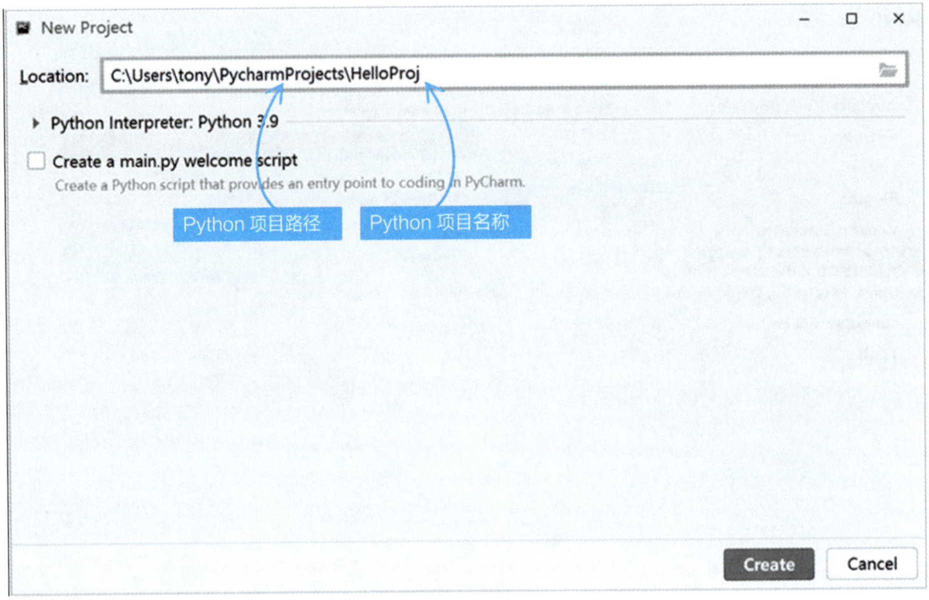
New Project
Location: C:\Users\tony\PycharmProjects\HelloProj
Python Interpreter: Python 3.9
Create a main.py welcome script
Create a Python script that provides an entry point to coding in PyCharm.
Python 项目路径
Python 项目名称
Create
Cancel

图 1-8

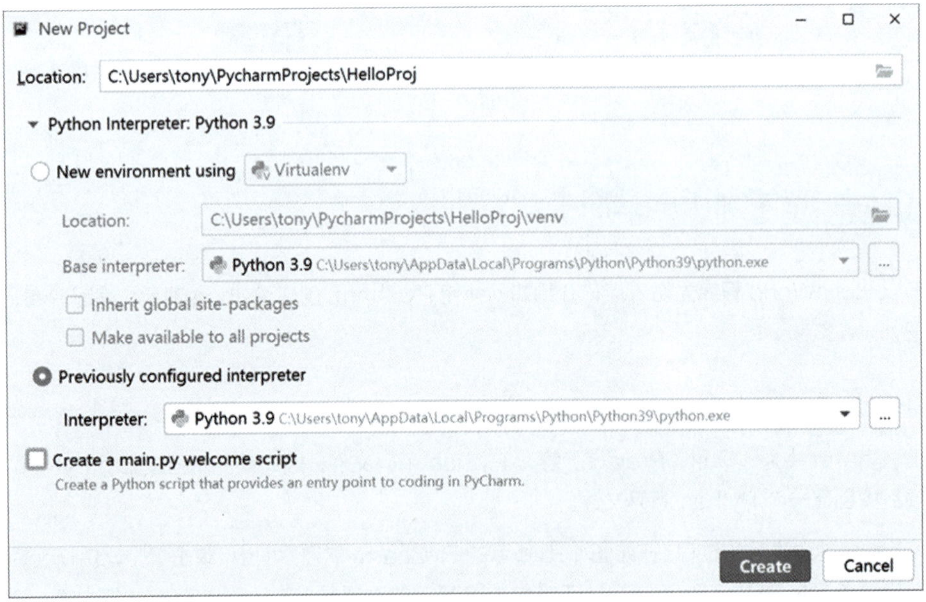
New Project
Location: C:\Users\tony\PycharmProjects\HelloProj
Python Interpreter: Python 3.9
New environment using
Virtualenv
Location: C:\Users\tony\PycharmProjects\HelloProj\venv
Base interpreter: Python 3.9 C:\Users\tony\AppData\Local\Programs\Python\Python39\python.exe
Inherit global site-packages
Make available to all projects
Previously configured interpreter
Interpreter: Python 3.9 C:\Users\tony\AppData\Local\Programs\Python\Python39\python.exe
Create a main.py welcome script
Create a Python script that provides an entry point to coding in PyCharm.
Create
Cancel

图 1-9

如果输入了项目名称，并选择了项目解释器，就可以单击 Create 按钮创建项目，效果如图 1-10 所示。

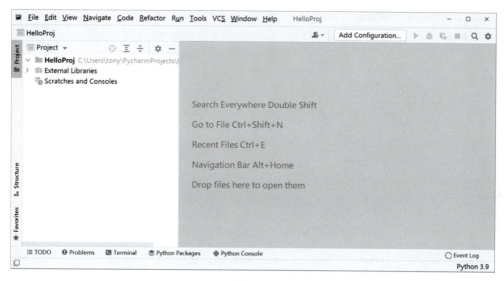

图 1-10

1.3.2 创建 Python 代码文件

在项目创建完成后，需要创建一个 Python 代码文件执行控制台的输出操作。先选择刚刚创建的项目中的 HelloProj 文件夹，然后单击鼠标右键，在鼠标右键菜单中选择 New→Python File，打开新建 Python 文件对话框，如图 1-11 所示。在该对话框的 Name 文本框中输入"hello"，然后按 Enter 键创建文件，如图 1-12 所示，在左边的项目文件管理窗口中可以看到刚刚创建的 hello.py 文件。

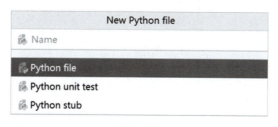

图 1-11

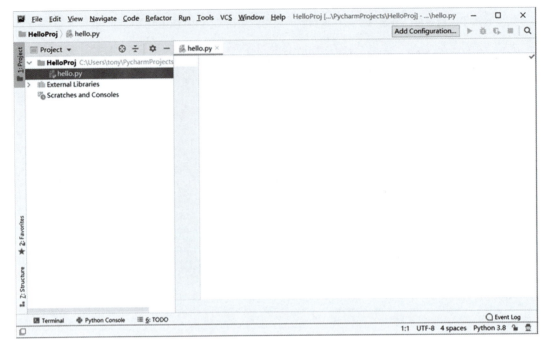

图 1-12

1.3.3 编写代码

Python 代码文件的运行类似于 Swift，不需要 Java 或 C 的 main 主函数，Python 解释器从上到下解释和运行代码文件。

编写代码如下：

```
# coding=utf-8

# 代码文件：chapter1/1.3/hello.py

"""
Created on 2021 年 5 月 20 日
作者：关东升
"""

string = "Hello, World."
print(string)
```

1.3.4 运行程序

在程序编写完成后，就可以运行了。如果是第 1 次运行，则需要在左边的项目文件管理窗口中选择 hello.py 文件，在鼠标右键菜单中选择"Run 'hello'"运行 hello.py 文件，运行结果如图 1-13 所示，在下面的控制台窗口中输出"Hello, World."字符串。

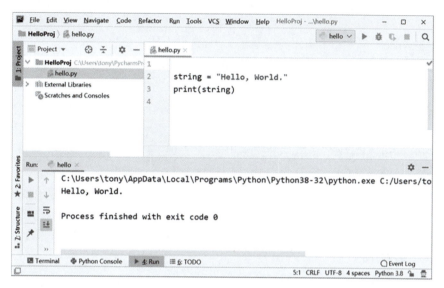

图 1-13

提示：如果已经运行过一次，则可直接单击工具栏中的 Run 按钮 ▶，也可选择菜单 Run→Run 'hello'，或使用组合键 Shift+F10 运行上次的程序。

1.4 文本编辑工具+Python 解释器实现

扫码看视频

如果不想使用 IDE 工具，那么文本编辑工具+Python 解释器对于初学者而言，也是不错的选择，这可以使初学者了解到 Python 的运行过程，并且通过在编辑器中敲入所有代码，熟悉关键字、函数和类，快速掌握 Python 语法。

1.4.1 编写代码

首先使用任意文本编辑工具创建一个文件，然后将该文件保存为 hello.py 文件，接着在 hello.py 文件中编写如下代码：

```
# coding=utf-8          ①
```

代码解释如下。

- 第①行中的"#"号为 Python 中的注释符号，其中"coding=utf-8"的注释作用很特殊，用于设置 Python 代码文件的编码集，该注释语句必须被放在文件的第 1 行或第 2 行才有效。
- 第②～③行是文件注释，使用一对三重双引号""""""或三重单引号"''''''"包裹起来。
- 第④行声明字符串变量，在 Python 中，字符串被包裹在一对双引号""""或单引号"'"中。

1.4.2 运行程序

可以在 Windows 命令提示符（Linux 和 UNIX 终端）中通过 Python 解释器指令运行上一节编写的 hello.py 文件，具体指令如下：

python hello.py

运行过程如图 1-14 所示。

图 1-14

有的文本编辑器可以直接运行 Python 文件，例如 Sublime Text 不需要安装任何插件和设置，就可以直接运行 Python 文件。使用 Sublime Text 打开 Python 文件，通过组合键 Ctrl+B 即可运行 Python

文件，如图 1-15 所示。如果是第 1 次运行，则会弹出如图 1-16 所示的菜单，选择 Python 菜单，即可运行当前 Python 文件。

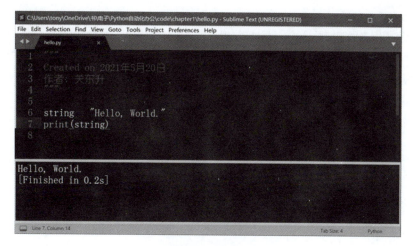

图 1-15

图 1-16

1.4.3 代码解释

至此只是介绍了如何编写和运行 HelloWorld 程序，下面对 HelloWorld 程序的代码进行解释。

```
"""                              ①
Created on 2021 年 5 月 20 日
作者：关东升
"""                              ②

string = "Hello, World."         ③
print(string)                    ④
```

代码解释如下。

- 第①行和第②行被两对三重双引号包裹起来，这是 Python 文档字符串，起到对文档进行注释的作用。可以将三重双引号换成三重单引号。
- 第③行声明字符串变量 string，并且使用"Hello,World."为它赋值。
- 第④行通过 print 函数将字符串输出到控制台，类似于 C 语言中的 printf 函数。

print 函数的语法如下：

```
print(*objects, sep=' ', end='\n', file=sys.stdout, flush=False)
```

print 函数有 5 个参数：*objects，是可变长度的对象参数；sep，是分隔符参数，默认值是一个空格；end，是输出字符串之后的结束符号，默认值是换行符；file，是输出文件参数，默认值是 sys.stdout，指标准输出，即控制台；flush，指是否刷新文件并将其输出到流缓冲区，如果刷新，则会马上打印并输出，默认不刷新。

使用了 sep 和 end 参数的 print 函数的示例如下：

```
>>> print('Hello', end = ',')           ①
Hello,
>>> print(20, 18, 39, 'Hello',  'World', sep = '|')    ②
20|18|39|Hello|World
>>> print(20, 18, 39, 'Hello',  'World', sep = '|', end = ',')
20|18|39|Hello|World,
```

代码解释如下。

- 第①行将逗号","作为输出字符串之后的结束符号。
- 第②行将竖线"|"作为分隔符。

1.5 Python 中的基础语法

扫码看视频

本节主要介绍 Python 中的基础语法，包括标识符、关键字、变量声明、语句、代码块、模块等。

1.5.1 标识符

标识符指对变量、常量、函数、属性、类、模块和包等由程序员指定的名称。构成标识符的字符均遵循一定的命名规则，Python 中标识符的命名规则如下。

- 区分大小写，Myname 与 myname 是两个不同的标识符。
- 首字符可以是下画线"_"或字母，但不能是数字。
- 除首字符外的其他字符，可以是下画线、字母和数字。
- 关键字不能作为标识符。
- 不能使用 Python 的内置函数作为自己的标识符。

例如身高、identifier、userName、User_Name、_sys_val 等为合法的标识符，注意，以中文"身高"命名的变量是合法的标识符，而 2mail、room#、$Name 和 class 是非法的标识符，"#"和"$"不能构成标识符。

1.5.2 关键字

关键字指类似于标识符的保留字符序列,是由语言本身定义好的。在 Python 中有 33 个关键字,其中只有三个关键字的首字母大写,即 False、None 和 True,其他全部小写,具体内容见表 1-1。

表 1-1

Python 中的 33 个关键字			
False	def	if	raise
None	del	import	return
True	elif	in	try
and	else	is	while
as	except	lambda	with
assert	finally	nonlocal	yield
break	for	not	
class	from	or	
continue	global	pass	

1.5.3 变量声明

在 Python 中声明变量时不需要指定其数据类型,只要给出一个标识符进行赋值,就声明了变量,示例代码如下:

```
# coding=utf-8
# 代码文件:chapter1/ch1.5.3.py
_hello = "HelloWorld"          # 给变量 _hello 赋值,不需要指定变量的数据类型
score_for_student = 0.0;       # 在语句结束时可以有分号,但在实际编程时通常省略
y = 20
y = True                       # 变量 y 虽然已经保存了整数类型 20,但也可以接收其他类型的数据
```

1.5.4 语句

Python 代码由关键字、标识符、表达式和语句等内容构成,语句是代码的重要组成部分。在 Python 中,一行代码表示一条语句,在语句结束时可以加分号,也可以省略分号。示例代码如下:

```
# coding=utf-8
# 代码文件:chapter1/ch1.5.4.py
_hello = "HelloWorld"
score_for_student = 0.0
y = 20

name1 = "张三"; name2 = "李四"    # 一行代码有两条语句          ①
a = b = c = 10                     # 链式赋值语句
```

代码解释如下。

- 第①行中的代码有两条语句,但从编程规范角度讲,这样编写代码是不规范的,Python 官方推荐一行代码一条语句。

1.5.5 代码块

在 if、for 和 while 等语句中包含多行代码,这些代码会被放在一个代码块中。Python 中的代码块与 C 和 Java 等中的代码块差别很大:Python 是通过缩进来界定代码块的,同一个缩进级别的代码在相同的代码块中。示例代码如下:

```
# coding=utf-8
# 代码文件:chapter1/ch1.5.5.py

_hello = "HelloWorld"
score_for_student = 10.0
y = 20
if y > 10:
    print(y)                        ①
    print(score_for_student)        ②
else:
    print(y * 10)                   ③
print(_hello)                       ④
```

示例运行后,在控制台输出结果如下:

```
20
10.0
HelloWorld
```

代码解释如下。

- 第①行和第②行是同一个缩进级别,在相同的 if 代码块中。
- 第③行和第④行不是同一个缩进级别,在不同的代码块中,第③行 print(y * 10)语句不在 else 代码块中,第④行 print(_hello)语句在 if 语句之后才执行。

提示: 一个缩进级别一般是一个制表符(Tab)或 4 个空格,考虑到在不同的编辑器中制表符显示的宽度不同,大部分编程语言推荐使用 4 个空格作为一个缩进级别。

1.5.6 模块

Python 中的一个模块就是一个文件,模块是保存代码的最小单位,在模块中可以声明变量、常量、函数、属性和类等 Python 程序元素。一个模块可以访问另一个模块中的程序元素。

下面通过示例介绍模块的用法。现有两个模块 module1 和 hello。module1 模块的代码如下:

```
# coding=utf-8
# 代码文件：chapter1/1.5.6/module1.py
y = True            # 在 module1 模块中声明变量 y
z = 10.10           # 在 module1 模块中声明变量 z

print('------进入 module1 模块------')
```

hello 模块会访问 module1 模块中的变量。hello 模块的代码如下：

```
# coding=utf-8
# 代码文件：chapter1/1.5.6/hello.py
import module1                                          ①
from module1 import z                                   ②

print('------hello 模块------')
y = 20


print(y)                    # 访问当前模块的变量 y
print(module1.y)            # 访问 module1 模块的变量 y      ③
print(z)                    # 访问 module1 模块的变量 z      ④
```

代码解释如下。

- 第①行使用 import<模块名>方式导入模块的所有代码元素（包括变量、函数、类等）。在访问代码元素时需要加"模块名."，见第③行。
- 第②行使用 from<模块名>import<代码元素>方式导入模块中特定的代码元素。
- 第③行中的 module1.y，module1 是模块名，y 是 module1 模块中的变量。
- 第④行访问 module1 模块中的变量 z。

1.6 数据类型与运算符

数据类型与运算符是构成 Python 表达式的重要组成部分，本节介绍这些内容。

1.6.1 数据类型

Python 有 6 种标准数据类型：数字、字符串、列表、元组、集合和字典，而列表、元组、集合和字典可以保存多项数据，它们每一个都是一种数据结构类型，具体说明如下。

（1）数字类型。Python 的数字类型有 4 种：整数类型、浮点类型、复数类型和布尔类型。需要注意的是，布尔类型事实上是整数类型的一种。Python 的整数类型为 int，范围可以很大，表示很大的整数，这只受所在计算机硬件的限制。

（2）浮点类型。浮点类型主要用于储存小数数值，Python 的浮点类型为 float，只支持双精度浮点类型，而且与本机相关。浮点类型可以用小数表示，也可以用科学计数法表示。在科学计数法中会用大写或小写的 e 表示 10 的指数，例如 e2 表示 10^2。

（3）复数类型。复数在数学中是非常重要的概念，无论是在理论物理学中，还是在电气工程实践中，都被经常使用。但是很多编程语言都不支持复数，而 Python 是支持复数的，这使得 Python 能够很好地用于科学计算。

（4）布尔类型。Python 中的布尔类型为 bool，bool 是 int 的子类，它只有两个值：True 和 False。注意：任何类型的数据都可以通过 bool 函数转换为布尔值，那些被认为"没有的""空的"值会被转换为 False，反之被转换为 True。例如，None（空对象）、False、0、0.0、0j（复数）、''（空字符串）、[]（空列表）、()（空元组）和{}（空字典）这些数值会被转换为 False，否则被转换为 True。

示例代码如下：

```
# coding=utf-8
# 代码文件：chapter1/ch1.6.1.py

# 整数表示
int1 = 28                       # 十进制 28 表示
int2 = 0b11100                  # 八进制 28 表示，其前缀是 0o 或 0O
int3 = 0O34                     # 八进制 28 表示，其前缀是 0x 或 0X
int4 = 0o34                     # 八进制 28 表示
int5 = 0x1C                     # 十六进制 28 表示，其前缀是 0x 或 0X
int6 = 0X1C                     # 十六进制 28 表示

print('int1 = ', int1)
print('int2 = ', int2)
print('int3 = ', int3)
print('int4 = ', int4)
print('int5 = ', int5)
print('int6 = ', int6)

# 浮点数表示
f1 = 1.0
f2 = 3.36e2                     # 使用科学计数法表示浮点数
f3 = 1.56e-2
print('f1 = ', f1)
print('f2 = ', f2)
print('f3 = ', f3)

# 复数表示
complex1 = 1 + 2j               # 复数表示
complex2 = complex1 + (1 + 2j)  # 两个复数的加法运算

print('complex1 = ', complex1)
```

```
print('complex2 = ', complex2)

# 测试 bool 函数
print('bool(0) = ', (bool(0)))              # 0 被转换为 False
print('bool(1) = ', (bool(1)))              # 1 被转换为 True
print("bool('') = ", (bool('')))            # 空字符串'' 被转换为 False
print("bool(' ') = ", (bool(' ')))          # 空格字符串' ' 被转换为 True
print('bool([]) = ', (bool([])))            # 空列表[]被转换为 False
```

1.6.2 运算符

运算符（也称操作符）包括算术运算符、关系运算符、逻辑运算符、位运算符和其他运算符。下面重点介绍算术运算符、关系运算符和逻辑运算符。

（1）算术运算符。Python 中的算术运算符用于组织整数类型和浮点类型数据的算术运算，按照参加运算的操作数的不同，可以分为一元运算符和二元运算符。Python 中的一元运算符有多个，但是算术一元运算符只有一个，即"−"，"−"是取反运算符，例如：-a 指对 a 进行取反运算。二元运算符包括"+""−""*""/""%""**"和"//"，这些运算符主要用于数字类型的数据操作，而"+"和"*"可用于字符串、元组和列表等类型的数据操作，具体说明见表 1-2。

表 1-2

运算符	名 称	示 例	说 明
+	加	a + b	可用于数字、序列等类型的数据操作。对于数字类型是求和操作，对于其他类型是连接操作
−	减	a − b	求 a 减 b 的差
*	乘	a * b	可用于数字、序列等类型的数据操作。对于数字类型是求积操作，对于其他类型是重复操作
/	除	a / b	求 a 除以 b 的商
%	取余	a % b	求 a 除以 b 的余数
**	幂	a ** b	求 a 的 b 次幂
//	地板除法	a // b	求比 a 除以 b 的商小的最大整数

（2）关系运算符。关系运算是比较两个表达式大小关系的运算，它的结果是布尔类型，即 True 或 False。关系运算符有 6 种：==、!=、>、<、>=和<=，具体说明见表 1-3。

表 1-3

运算符	名 称	示 例	说 明
==	等于	a == b	在 a 等于 b 时返回 true，否则返回 false
!=	不等于	a != b	与==相反
>	大于	a > b	在 a 大于 b 时返回 true，否则返回 false
<	小于	a < b	在 a 小于 b 时返回 true，否则返回 false

续表

运算符	名 称	示 例	说 明
>=	大于或等于	a >= b	在 a 大于或等于 b 时返回 true，否则返回 false
<=	小于或等于	a <= b	在 a 小于或等于 b 时返回 true，否则返回 false

（3）逻辑运算符。逻辑运算符用于对布尔类型的变量进行运算，其结果也是布尔类型，具体说明见表 1-4。

表 1-4

运算符	名 称	示 例	说 明
not	逻辑非	not a	在 a 为 True 时，运算结果为 False；在 a 为 False 时，运算结果为 True
and	逻辑与	a and b	在 a 和 b 全为 True 时，运算结果为 True，否则为 False
or	逻辑或	a or b	在 a 和 b 全为 False 时，运算结果为 False，否则为 True

（4）赋值运算符。赋值运算符只是一种简写，一般用于变量自身的改变，例如 a 与其他操作数先进行运算，然后将结果赋值给 a。算术运算符和位运算符中的二元运算符都有对应的赋值运算符，具体说明见表 1-5。

表 1-5

运算符	名 称	示 例	说 明
+=	加赋值	a += b	等价于 a = a + b
-=	减赋值	a -= b	等价于 a = a - b
*=	乘赋值	a *= b	等价于 a = a * b
/=	除赋值	a /= b	等价于 a = a / b
%=	取余赋值	a %= b	等价于 a = a % b
**=	幂赋值	a **= b	等价于 a = a ** b
//=	地板除法赋值	a //= b	等价于 a = a // b

示例代码如下：

```
# coding=utf-8
# 代码文件：chapter1/ch1.6.2.py

print('2 * 3 = ', 2 * 3)
print('3 / 2 = ', 3 / 2)
print('3 % 2 = ', 3 % 2)
print('3 // 2 = ', 3 // 2)
print(' -3 // 2 = ', -3 // 2)

a = 10
b = 9
```

```python
print('a > b = ', a > b)
print('a < b = ', a < b)
print('a >= b = ', a >= b)
print('a <= b = ', a <= b)
print('1.0 == 1 = ', 1.0 == 1)
print('1.0 != 1 = ', 1.0 != 1)

i = 0
a = 10
b = 9

if a > b or i == 1:
    print("或运算为 真")
else:
    print("或运算为 假")

if a < b and i == 1:
    print("与运算为 真")
else:
    print("与运算为 假")

a = 1
b = 2

a += b                      # 相当于 a = a + b

print("a + b =", a)         # a 的值为 3

a += b + 3                  # 相当于 a = a + b + 3

print("a + b + 3 =", a)     # a 的值为 8

a -= b                      # 相当于 a = a - b
print("a - b =", a)         # a 的值为 6

a *= b                      # 相当于 a = a * b
print("a * b =", a)         # a 的值为 12

a /= b                      # 相当于 a = a / b
print("a / b =", a)         # a 的值为 6.0

a %= b                      # 相当于 a = a % b
print("a % b =", a)         # a 的值为 0.0
```

示例运行后，在控制台输出结果如下：

```
2 * 3 =  6
3 / 2 =  1.5
3 % 2 =  1
3 // 2 =  1
 -3 // 2 =  -2
a > b =  True
a < b =  False
a >= b =  True
a <= b =  False
1.0 == 1 =  True
1.0 != 1 =  False
或运算为 真
与运算为 假
a + b = 3
a + b + 3 = 8
a - b = 6
a * b = 12
a / b = 6.0
a % b = 0.0
```

1.7 控制语句

扫码看视频

程序设计中的控制语句有三种，即顺序、分支和循环语句。Python 程序通过控制语句来管理程序流，以完成一定的任务。程序流是由若干语句组成的，语句既可以是一条单一语句，也可以是语句组（由多条语句构成代码块）。Python 中的控制语句有以下几类。

- 分支语句：if。
- 循环语句：while 和 for。
- 跳转语句：break、continue 和 return。

1.7.1 分支语句

Python 中的分支语句只有 if 语句。if 语句有 if、if-else 和 elif 三种结构。

1. if 结构

在 if 结构中，如果条件运算结果为 True，就执行语句组，否则执行 if 结构后面的语句。语法结构如下：

```
if 条件:
    语句组
```

if 结构的示例代码如下：

```
# coding=utf-8
# 代码文件：chapter1/ch1.7.1-1.py


score = 95

if score >= 85:
    print("您真优秀！")

if score < 60:
    print("您需要加倍努力！")

if (score >= 60) and (score < 85):
    print("您的成绩还可以，仍需继续努力！")
```

示例运行后，在控制台输出结果如下：

您真优秀！

2．if-else 结构

几乎所有计算机语言都有这个结构，而且结构的格式基本相同，语句如下：

```
if 条件:
    语句组 1
else:
    语句组 2
```

当程序执行到 if 语句时，先判断条件，如果条件的值为 True，则执行语句组 1，然后跳过 else 语句及语句组 2，继续执行后面的语句；如果条件的值为 False，则忽略语句组 1 而直接执行语句组 2，继续执行后面的语句。

if-else 结构的示例代码如下：

```
# coding=utf-8
# 代码文件：chapter1/ch1.7.1-2.py


score = 95
if score >= 60:
    print("及格")
else:
    print("不及格")
```

示例运行后，在控制台输出结果如下：

及格

3. elif 结构

elif 结构如下：

```
if 条件 1:
    语句组 1
elif 条件 2:
    语句组 2
elif 条件 3:
    语句组 3
...
elif 条件 n:
    语句组 n
else:
    语句组 n + 1
```

可以看出，elif 结构实际上是 if-else 结构的多层嵌套，它的明显特点就是在多个分支中只执行一个语句组，所以这种结构可用于有多种判断结果的分支中。

elif 结构的示例代码如下：

```python
# coding=utf-8
# 代码文件：chapter1/ch1.7.1-3.py


score = 95
if score >= 90:
    grade = 'A'
elif score >= 80:
    grade = 'B'
elif score >= 70:
    grade = 'C'
elif score >= 60:
    grade = 'D'
else:
    grade = 'F'

print("Grade = " + grade)
```

示例运行后，在控制台输出结果如下：

Grade = A

1.7.2 循环语句

循环语句能使程序重复执行。Python 支持 while 和 for 两种循环类型。

1. while 语句

while 语句是一种先判断循环条件，在满足条件后再执行的循环结构，格式如下：

```
while 循环条件:
    语句组
[else:
    语句组]
```

while 循环没有初始化语句，循环次数是不可知的，只要循环条件满足，就会一直执行循环体。在 while 循环中可以带 else 语句。

示例代码如下：

```
# coding=utf-8
# 代码文件：chapter1/ch1.7.2-1.py

i = 0

while i * i < 100000:
    i += 1

print("i = ", i)
print("i * i =", (i * i))
```

示例运行后，在控制台输出结果如下：

```
i =  317
i * i = 100489
```

2. for 语句

for 语句是应用最广泛、功能最强的一种循环语句。在 Python 中没有 C 语言风格的 for 语句，它的 for 语句等同于 Java 中的增强 for 循环语句，只用于序列。序列包括字符串、列表和元组。

for 语句的一般格式如下：

```
for 迭代变量 in 序列:
    语句组
[else:
    语句组]
```

对序列都可以使用 for 循环。迭代变量是从序列中迭代取出的元素。在 for 循环中也可以带 else 语句。

示例代码如下：

```
# coding=utf-8
# 代码文件：chapter1/ch1.7.2-2.py

print("----范围-------")
```

```
for num in range(1, 10):                        # 使用范围                ①
    print("{0} x {0} = {1}".format(num, num * num))                      ②

print("----字符串--------")
for item in 'Hello':                            # for 语句               ③
    print(item)


numbers = [43, 32, 53, 54, 75, 7, 10]           # 声明整数列表

print("----整数列表--------")

for item in numbers:                            # 以 for 语句遍历列表 numbers
    print("Count is : {0}".format(item))
```

示例运行后，在控制台输出结果如下：

```
----范围--------
1 x 1 = 1
2 x 2 = 4
3 x 3 = 9
4 x 4 = 16
5 x 5 = 25
6 x 6 = 36
7 x 7 = 49
8 x 8 = 64
9 x 9 = 81
----字符串--------
H
e
l
l
o
----整数列表--------
Count is : 43
Count is : 32
Count is : 53
Count is : 54
Count is : 75
Count is : 7
Count is : 10
```

代码解释如下。

- 第①行中的 range(1,10)函数用于创建范围（range）对象，1≤range(1,10)<10，步长为 1，总共 9 个整数。范围也是一种整数序列。

- 第②行中的 format 函数用于字符串的格式化输出，{0}是占位符，format 函数中的参数会在运行时替换占位符。1.7 节将详细介绍字符串的格式化方法。
- 第③行循环字符串"Hello"，字符串也是一个序列，可以用 for 循环变量。

1.7.3 跳转语句

跳转语句能够改变程序的执行顺序，实现程序的跳转。Python 有 3 种跳转语句：break、continue 和 return。本节先介绍 break 和 continue 语句的用法。

1. break 语句

break 语句可用于 while 和 for 循环结构，它的作用是强行退出循环体，不再执行循环体中的剩余语句。

示例代码如下：

```
# coding=utf-8
# 代码文件：chapter1/ch1.7.3-1.py

for item in range(10):
    if item == 3:
        break   # 退出循环体
    print("Count is : {0}".format(item))
```

示例运行后，在控制台输出结果如下：

```
Count is : 0
Count is : 1
Count is : 2
```

2. continue 语句

continue 语句用于结束本次循环，跳过循环体中尚未执行的语句，接着进行终止条件的判断，以决定是否继续循环。

示例代码如下：

```
# coding=utf-8
# 代码文件：chapter1/ch1.7.3-2.py

for item in range(10):
    if item == 3:
        continue   # 终止本次循环，进入下一次循环
    print("Count is : {0}".format(item))
```

示例运行后，在控制台输出结果如下：

```
Count is : 0
```

```
Count is : 1
Count is : 2
Count is : 4
Count is : 5
Count is : 6
Count is : 7
Count is : 8
Count is : 9
```

扫码看视频

1.8 序列

序列（sequence）是一种可迭代的、有序的数据结构，可以通过索引访问元素。如图1-17所示是一个班级序列，其中有一些学生，这些学生是有序的，顺序是他们被放到序列中的顺序，可以通过序号访问他们。这就像老师给进入班级的人分配学号，第1个报到的是张三，老师给他分配的学号是0，第2个报到的是李四，老师给他分配的学号是1，以此类推，最后一个学号应该是"学生人数−1"。

图 1-17

序列包括列表（list）、字符串（str）、元组（tuple）、范围（range）和字节序列（bytes）这5种结构，可进行的操作有索引、切片、加和乘等。

1.8.1 索引操作

序列中第1个元素的索引是0，其他元素的索引是第1个元素的偏移量，可以有正偏移量，称之为正值索引；也可以有负偏移量，称之为负值索引。正值索引的最后一个元素索引是"序列长度−1"，负值索引的最后一个元素索引是"−1"。例如"Hello"字符串，它的正值索引如图1-18(a)所示，负值索引如图1-18(b)所示。

图 1-18

序列中的元素是通过索引下标访问的,即以中括号[index]方式访问的。

示例代码如下:

```
# coding=utf-8
# 代码文件:chapter1/ch1.8.1.py

a = 'Hello'                    # 声明字符串变量 a,它是一个列表类型
print('a[0] = ', a[0])         # 获取字符串的第 1 个元素
print('a[1] = ', a[1])
print('a[4] = ', a[4])
print('a[-1] = ', a[-1])       # 通过负值索引-1 返回字符串的最后一个元素
print('a[-2] = ', a[-2])
print('a[5] = ', a[5])         # a[5]表达式在执行时发送错误码 IndexError,表示索引越界错误
```

示例运行后,在控制台输出结果如下:

```
Traceback (most recent call last):
  File "…\ch1.4.1.py", line 10, in <module>
    print('a[5] = ', a[5])
IndexError: string index out of range
a[0] =  H
a[1] =  e
a[4] =  o
a[-1] =  o
a[-2] =  l
```

1.8.2 序列切片

序列的切片(Slicing)就是从序列中切分出小的子序列。切片使用切片运算符,切片运算符有两种形式。

- [start: end]:start 是开始索引,end 是结束索引。
- [start: end: step]:start 是开始索引,end 是结束索引,step 是步长,步长是在切片时获取元素的间隔。步长可以为正整数,也可以为负整数。

注意:切下的切片包括 start 位置的元素,但不包括 end 位置的元素,start 和 end 都可以省略。

切片示例代码如下：

```
# coding=utf-8
# 代码文件：chapter1/ch1.8.2.py

a = 'Hello'
print('a[1:3] = ', a[1:3])          # 切出 1~3 的子字符串，注意不包括 3，返回 el
print('a[:3] = ', a[:3])            # 省略了开始索引，默认的开始索引是 0，返回 Hel

print('a[0:] = ', a[0:])            # a[:3]与 a[0:3]的切片结果是一样的，都返回 Hel

print('a[0:5] = ', a[0:5])          # 省略了结束索引，所以 a[0:]与 a[0:5]的切片结果是一样的
print('a[:] = ', a[:])              # Hello
print('a[1:-1] = ', a[1:-1])        # ell

print('a[1:5] = ', a[1:5])          # 省略了步长参数，步长的默认值是 1，返回 ello
print('a[1:5:2] = ', a[1:5:2])      # 步长是 2，结果是 el，返回 el
print('a[0:3] = ', a[0:3])          # 步长是 3，切片结果是 H
print('a[0:3:2] = ', a[0:3:2])      # Hl
print('a[0:3:3] = ', a[0:3:3])      # H
print('a[::-1] = ', a[::-1])        # 在步长是负数时从右往左获取元素，切片结果是原始字符串的倒置，返回 olleH
```

> **提示**：步长与当次元素索引、下次元素索引之间的关系：下次元素索引 = 当次元素索引 + 步长。

1.8.3 可变序列——列表

列表是一种具有可变性的序列结构，我们可以追加、插入、删除和替换列表中的元素。可以使用以下两种方式创建列表：

- 使用中括号[]将元素括起来，元素之间以逗号分隔；
- 使用 list([iterable])函数，iterable 参数表示任意可迭代对象。

示例代码如下：

```
# coding=utf-8
# 代码文件：chapter1/ch1.8.3.py

L1 = [20, 10, 50, 40, 30]           # 通过在元素之间以逗号分隔来创建列表
print('L1：', L1)

L2 = ['Hello', 'World', 1, 2, 3]    # 创建字符串和数字混合的列表对象

L3 = list((20, 10, 50, 40, 30))     # 通过 list 函数创建列表

a1 = [10]                           # 创建只有一个元素的列表，不能省略中括号
```

```
a2 = [10, ]                           # 创建只有一个元素的列表                    ①
print('a1 数据类型是：', type(a1))     # 通过 type 函数返回对象的数据类型，列表对象的数据类型是 list

print('a2 数据类型是：', type(a2))

s_list = ['张三', '李四', '王五']
print(s_list)
s_list.append('董六')                  # 通过 append 函数在列表后追加元素
print(s_list)
s_list.remove('王五')                  # 通过 remove 函数删除列表元素
print(s_list)
```

示例运行后，在控制台输出结果如下：

L1： [20, 10, 50, 40, 30]
a1 数据类型是： <class 'list'>
a2 数据类型是： <class 'list'>
['张三', '李四', '王五']
['张三', '李四', '王五', '董六']
['张三', '李四', '董六']

代码解释如下。

- 第①行也是创建只有一个元素的列表，最后一个元素后的逗号可以省略，省略形式为[10]，但此时列表的括号不能省略。

1.8.4 不可变序列——元组

元组是一种不可变序列，一旦创建就不能修改。可以使用以下两种方式创建元组：

- 使用逗号分隔元素","；
- 使用 tuple([iterable])函数。

示例代码如下：

```
# coding=utf-8
# 代码文件：chapter1/ch1.8.4.py

T1 = 21, 32, 43, 45
T2 = (21, 32, 43, 45)                 # 通过在元素之间以逗号分隔来创建元组

print('T1：', T1)
print('T2：', T2)

print('T1 数据类型是：', type(T1))
```

```
T3 = ['Hello', 'World', 1, 2, 3]          # 创建字符串和整数混合的元组
T4 = tuple([21, 32, 43, 45])              # 通过 tuple 函数创建元组

T1 = 21, 32, 43, 45
T2 = (21, 32, 43, 45)
```

示例运行后,在控制台输出结果如下:

```
T1: (21, 32, 43, 45)
T2: (21, 32, 43, 45)
T1 数据类型是: <class 'tuple'>
```

提示: 使用逗号分隔元素创建元组对象,创建元组时使用小括号把元素括起来不是必需的,所以以上代码中 T1 和 T2 创建的元组是一样的。

1.8.5 列表推导式

在 Python 中有一种特殊的表达式——推导式,它可以将一种数据结构作为输入,经过过滤、映射等处理,输出另一种数据结构。我们可以将数据结构分为列表推导式、集合推导式和字典推导式。本节先介绍列表推导式。

如果想获取 0~9 中偶数的平方数列,则可以通过 for 循环实现,代码如下:

```
# coding=utf-8
# 代码文件:chapter1/ch1.8.5.py

# 通过 for 循环实现的偶数的平方数列
print('for 循环实现的偶数的平方数列')
n_list = []                              # 创建空列表对象
for x in range(10):                      # 通过 range 函数创建 0~9 范围的数列
    if x % 2 == 0:                       # 判断当前元素是否是偶数
        n_list.append(x ** 2)            # 以表达式(x ** 2)计算当前元素的平方
print(n_list)
```

通过列表推导式实现的代码如下:

```
# 通过列表推导式实现
n_list = [x ** 2 for x in range(10) if x % 2 == 0]
```

代码采用列表推导式,输出的结果与 for 循环是一样的。如图 1-19 所示是列表推导式的语法结构,其中 in 后面的表达式是"输入序列";for 前面的表达式是"输出表达式",它的运算结果会被保存在一个新列表中;if 条件语句用于过滤输入序列,符合条件的才能被传递给输出表达式,"条件语句"是可以省略的,所有元素都被传递给输出表达式。

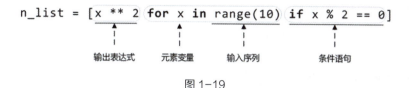

图 1-19

"条件语句"可以包含多个条件,例如找出 0~99 中可被 5 整除的偶数数列,示例代码如下:

```
# 通过列表推导式找出可被 5 整除的偶数数列
n_list = [x for x in range(100) if x % 2 == 0 if x % 5 == 0]
```

列表推导式的条件语句有两个:if x % 2 == 0 和 if x % 5 == 0,可见它们"逻辑与"的关系。

1.9 集合

集合是一种可迭代的、无序的、不能包含重复元素的数据结构。如图 1-20 所示是一个班级的集合,其中包含一些学生,这些学生是无序的,不能通过序号访问,而且不能有重复。

图 1-20

提示: 与序列相比,序列中的元素是有序的且可以重复出现,而集合中的元素是无序的且不能重复出现。序列强调的是有序,集合强调的是不重复。当不考虑顺序且没有重复出现的元素时,序列和集合可以互相替换。

1.9.1 创建集合

创建集合有以下两种方法:

- 使用大括号{}将元素括起来,元素之间以逗号分隔;

- 使用 set([iterable])函数。

示例代码如下：

```
# coding=utf-8
# 代码文件：chapter1/ch1.9.1.py

a = {'张三', '李四', '王五'}                # 创建集合对象
b = set((20, 10, 50, 40, 30))              # 通过 set 函数创建集合对象


c = {}                                      # 创建空的集合对象，注意大括号{}不能省略

print(a)

print('c 变量数据类型是：', type(c))
```

示例运行后，在控制台输出结果如下：

{'王五', '张三', '李四'}
c 变量数据类型是： <class 'dict'>

1.9.2 集合推导式

集合推导式与列表推导式类似，区别为输出结果是集合。这里使用集合推导式重新找出 1.8.5 节 0～99 中可被 5 整除的偶数数列，示例代码如下：

```
# coding=utf-8
# 代码文件：chapter1/ch1.9.2.py
n_set = {x for x in range(100) if x % 2 == 0 if x % 5 == 0}

print(n_set)
```

示例运行后，在控制台输出结果如下：

{0, 70, 40, 10, 80, 50, 20, 90, 60, 30}

1.10 字典

扫码看视频

字典（dict）是一种可迭代的、可变的数据结构，通过键来访问元素。字典的结构比较复杂，由两部分视图构成，一部分是键（key）视图，另一部分是值（value）视图，键视图不能包含重复的元素，而值集合能，键和值是成对出现的，如图 1-21 所示。

第 1 章 千里之行，始于足下——Python 基础

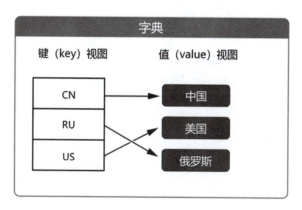

图 1-21

> 提示：字典更适合通过键快速访问值，就像查英文字典一样，键是要查询的英文单词，值是对英文单词的翻译和解释等。有时，一个英文单词会对应多个翻译和解释，这也是与字典的特性相对应的。

1.10.1 创建字典

可以通过以下两种方式创建字典：

- 通过大括号{}包裹键值对创建字典；
- 通过 dict 函数创建字典。

示例代码如下：

```
# coding=utf-8
# 代码文件：chapter1/ch1.10.1.py

# 通过大括号{}包裹键值对创建字典的方式创建集合对象
dict1 = {'102': '张三', '105': '李四', '109': '王五'}

print(dict1)
# len 函数用于获取字典的长度
print('dict1 数据类型是：', len(dict1))
dict2 = dict(((102, '张三'), (105, '李四'), (109, '王五')))
print(dict2)
dict3 = {}   # 创建空的字典对象，注意：{}用于创建一个空的字典对象，而不是用于创建集合对象
print('dict3 数据类型是：', type(dict3))
```

示例运行后，在控制台输出结果如下：

```
{'102': '张三', '105': '李四', '109': '王五'}
dict1 数据类型是： 3
{102: '张三', 105: '李四', 109: '王五'}
```

dict3 数据类型是： <class 'dict'>

1.10.2 字典推导式

因为字典包含了键和值两种不同的结构，因此字典推导式的结果可以非常灵活，语法结构如图 1-22 所示。

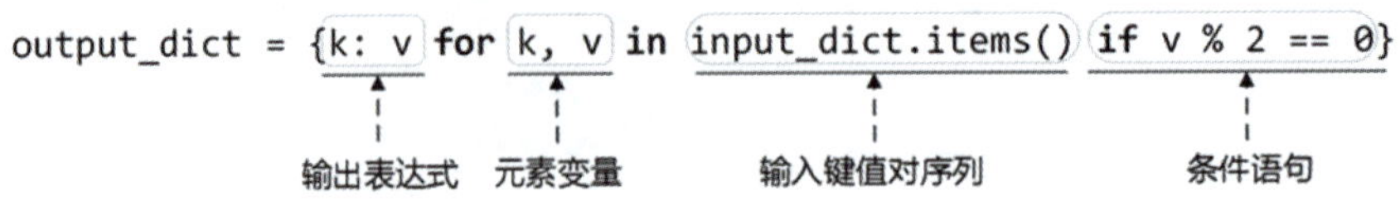

output_dict = {k: v for k, v in input_dict.items() if v % 2 == 0}
　　　　　　　　输出表达式　元素变量　　输入键值对序列　　条件语句

图 1-22

字典推导式的示例代码如下：

```
# coding=utf-8
# 代码文件：chapter1/ch1.10.2.py

input_dict = {'one': 1, 'two': 2, 'three': 3, 'four': 4}
# 字典推导式，注意输入结构不能直接使用字典，因为字典不是序列
output_dict = {k: v for k, v in input_dict.items() if v % 2 == 0}
print(output_dict)
# 字典推导式，但只返回键结构
keys = [k for k, v in input_dict.items() if v % 2 == 0]
print(keys)
```

示例运行后，在控制台输出结果如下：

{'two': 2, 'four': 4}
['two', 'four']

扫码看视频

1.11 字符串

由字符组成的一串字符序列被称为"字符串"，字符串是有顺序的，从左到右，索引从 0 开始依次递增。Python 中的字符串类型是 str。

1.11.1 字符串的表示方式

Python 中字符串的表示方式有以下三种。

- 普通字符串：指采用单引号"'"或双引号"""包裹起来的字符串。
- 原始字符串（rawstring）：指在普通字符串前加了"r"的字符串，字符串中的特殊字符不需要转义，按照字符串的本来样子呈现。

- 长字符串：指在字符串中包含了换行、缩进等排版字符，可以使用三重单引号"'''"或三重双引号"""""包裹起来的字符串。

很多程序员都习惯使用单引号"'"表示字符串。如下示例表示的都是"Hello World"字符串：

- 'Hello World'
- "Hello World"
- '\u0048\u0065\u006c\u006c\u006f\u0020\u0057\u006f\u0072\u006c\u0064'
- "\u0048\u0065\u006c\u006c\u006f\u0020\u0057\u006f\u0072\u006c\u0064"

Python 中的字符采用 Unicode 编码，所以字符串可以包含中文等亚洲字符。

如果想在字符串中包含一些特殊字符，例如换行符、制表符等，在普通字符串中则需要转义，前面要加上反斜杠"\"，这被称为字符转义，如表 1-6 所示。

表 1-6

字符表示	Unicode 编码	说明
\t	\u0009	水平制表符
\n	\u000a	换行
\r	\u000d	回车
\"	\u0022	双引号
\'	\u0027	单引号
\\	\u005c	反斜线

示例代码如下：

```
# coding=utf-8
# 代码文件：chapter1/ch1.11.1.py

s1 = 'Hello World'
s2 = "Hello World"
s3 = '\u0048\u0065\u006c\u006c\u006f\u0020\u0057\u006f\u0072\u006c\u0064'
s4 = "\u0048\u0065\u006c\u006c\u006f\u0020\u0057\u006f\u0072\u006c\u0064"

print(s3)
print(s4)

# 始字符串的表示方式，就是在字符串前面加字母 r，其中可以包含特殊字符，但不需要转义
s5 = r'C:\Users\tony\OneDrive\原稿'
print(s5)
# 长字符串的表示方式，其中包含换行、缩进等排版字符
s6 = '''Hello
 World'''
print(s6)
```

示例运行后，在控制台输出结果如下：

Hello World
Hello World
C:\Users\tony\OneDrive\原稿
Hello
 World

1.11.2 将字符串格式化

在实际的编程过程中，经常会遇到将其他类型的变量与字符串拼接到一起并进行格式化输出的情况。例如计算的金额需要保留小数点后 4 位、数字需要右对齐等，这些都需要格式化。可以使用字符串的 format 函数及占位符将字符串格式化。

示例代码如下：

```
# coding=utf-8
# 代码文件：chapter1/ch1.11.2.py

name = 'Mary'
age = 18
s = '她的年龄是{0}岁。'.format(age)                    ①
print(s)
s = '{0}芳龄是{1}岁。'.format(name, age)
print(s)
s = '{1}芳龄是{0}岁。'.format(age, name)
print(s)
s = '{n}芳龄是{a}岁。'.format(n=name, a=age)           ②
print(s)
```

示例运行后，在控制台输出结果如下：

她的年龄是 18 岁。
Mary 芳龄是 18 岁。
Mary 芳龄是 18 岁。
Mary 芳龄是 18 岁。

代码解释如下。

- 第①~②行使用 format 函数将字符串格式化，运行时，format 函数中的参数会替换占位符{}。
- 第①行中的{0}是索引形式的占位符，中括号中的数字表示 format 函数中的参数索引。所以{0}表示使用 format 函数中的第 1 个参数替换占位符，{1}表示用第 2 个参数，以此类推。
- 第②行中的{n}是参数名形式的占位符，中括号中的"n"和"a"都是 format 函数中的参数名。

1.11.3 正则表达式

正则表达式（Regular Expression，在代码中常被简写为 regex、regexp、RE 或 re）是预先定义好的一个"规则字符串"，通过这个"规则字符串"可以匹配、查找和替换那些符合"规则"的文本。

虽然文本的查找和替换功能可通过字符串提供的方法实现，但是实现起来极为困难，而且运算效率很低。使用正则表达式实现这些功能会比较简单，而且效率很高，唯一的困难之处在于如何编写合适的正则表达式。

Python 中的正则表达式应用非常广泛，例如数据挖掘、数据分析、网络爬虫、输入有效性验证等。Python 也支持使用正则表达式实现文本的匹配、查找和替换等操作。Python 官方提供的正则表达式模块是 re，在 re 中提供了 search 和 findall 两个函数，用于匹配和查找字符串，对这两个函数说明如下。

- search 函数：在输入的字符串中查找，返回第 1 个匹配的内容，如果找到，则返回 match 对象，否则返回 None。
- findall 函数：在输入的字符串中查找所有匹配的内容，如果匹配成功，则返回 match 对象列表，否则返回 None。

使用正则表达式验证邮箱格式有效性的示例如下：

```
# coding=utf-8
# 代码文件：chapter1/ch1.11.3-1.py

import re                                      # 导入正则表达式模块 re

p = r'\w+@zhijieketang\.com'                   # 声明正则表达式                ①

email = 'tony_guan588@zhijieketang.com'        # 要验证的字符串
m = re.search(p, email)                        # 验证输入的字符串是否匹配      ②

print(m)
if m:                                          # m 非 None 则匹配              ③
    print('匹配')
else:
    print('不匹配')
```

示例运行后，在控制台输出结果如下：

<re.Match object; span=(0, 29), match='tony_guan588@zhijieketang.com'>
匹配

代码解释如下。

- 第①行声明验证域名为 zhijieketang.com 的邮箱的正则表达式。
- 第②行使用正则表达式的 search 函数验证输入的字符串是否与正则表达式 p 匹配。search 函数的返回值是 match 对象。

- 第③行判断返回的 match 对象是否为 None，如果非 None，则匹配，否则不匹配。

提示：几乎所有编程语言的正则表达式都是通用的，经过多年的发展，一些常用的正则表达式已经成熟，我们在一般情况下不需要自己编写正则表达式，开发人员在网上查找感兴趣的正则表达式即可。

字符串查找示例如下：

```
# coding=utf-8
# 代码文件：chapter1/ch1.11.3-2.py

import re

p = r'\w+@163\.com'    # 声明正则表达式

# 要验证的长字符串
text = '''
Tony's email is tony_guan588@163.com."
Tom's email is tom@163.com."
张三的邮箱是：zhang@163.com。"
'''

# findall 函数在 text 字符串中查找的所有 163 邮箱
mlist = re.findall(p, text)
print(mlist)
```

示例运行后，在控制台输出结果如下：

['tony_guan588@163.com', 'tom@163.com', 'zhang@163.com']

1.12 函数

在 Python 中经常用到函数，有些基础函数是官方提供的，被称为内置函数（Built-in Functions, BIF）。但很多函数都是自定义的，这些自定义的函数必须先定义后调用，也就是说定义函数必须在调用函数之前进行，否则会出错。

自定义函数的语法格式如下：

```
def 函数名(参数列表)：
    函数体
    return 返回值
```

在 Python 中定义函数时，关键字是 def，函数名需要符合标识符命名规范。多个参数列表之间以逗号","分隔，当然，函数也可以没有参数。如果函数有要返回的数据，就需要在函数体最后使用 return

语句将数据返回；如果没有要返回的数据，则可以在函数体中使用 return None 语句或省略 return 语句。

自定义函数的示例代码如下：

```
# coding=utf-8
# 代码文件：chapter1/ch1.12.py

def rectangle_area(width, height):      # 定义计算长方形面积的函数
    area = width * height
    return area                         # 返回函数计算结果


r_area = rectangle_area(320.0, 480.0)   # 调用 rectangle_area 函数
print("320x480 的长方形的面积:{0:.2f}".format(r_area))
```

示例运行后，在控制台输出结果如下：

320x480 的长方形的面积:153600.00

1.12.1 匿名函数与 lambda 表达式

有时在使用函数时不需要给函数分配一个名称，该函数就是"匿名函数"。在 Python 中使用 lambda 表达式表示匿名函数，声明 lambda 表达式的语法如下：

lambda 参数列表： lambda 体

lambda 是关键字声明，在 lambda 表达式中，"参数列表"与函数中的参数列表是一样的，但不需要用小括号括起来，冒号后面是 lambda 体，lambda 表达式的主要代码在 lambda 体处编写，类似于函数体。

提示：lambda 体不能是一个代码块，不能包含多条语句，只能包含一条语句，该语句会计算一个结果返回给 lambda 表达式，但与函数不同的是，不需要使用 return 语句返回。与其他语言中的 lambda 表达式相比，在 Python 中提供的 lambda 表达式只能进行一些简单的计算。

lambda 表达式的代码如下：

```
# coding=utf-8
# 代码文件：chapter1/ch1.12.1.py

def calculate_fun(opr):
    if opr == '+':
        return lambda a, b: (a + b)     # 两个整数相加
    else:
        return lambda a, b: (a – b)     # 两个整数相减
```

```
# 调用 calculate_fun 函数返回 f1 对象，f1 是一个函数对象
f1 = calculate_fun('+')

# 调用 calculate_fun 函数返回 f2 对象，f2 也是一个函数对象
f2 = calculate_fun('-')

print(type(f1))                                          ①

print("10 + 5 = {0}".format(f1(10, 5)))                  ②
print("10 - 5 = {0}".format(f2(10, 5)))                  ③
```

示例运行后，在控制台输出结果如下：

```
<class 'function'>
10 + 5 = 15
10 - 5 = 5
```

代码解释如下。

- 第①行打印 f1 对象的数据类型，从输出结果可见类型是 'function'。
- 第②行调用 f1 对象指向的函数，事实上就是调用整数相加 lambda 表达式。
- 第③行调用 f2 对象指向的函数，事实上就是调用整数相减 lambda 表达式。

1.12.2 数据处理中的两个常用函数

在进行数据处理时经常用到两个重要的函数：filter 和 map。

1. 过滤函数 filter

进行过滤操作时使用 filter 函数，它可以对可迭代对象的元素进行过滤。filter 函数的语法如下：

```
filter(function, iterable)
```

其中，function 参数是一个函数，是可迭代对象。在 filter 函数被调用时，iterable 会被遍历，它的元素被逐一传入 function 函数，function 函数返回布尔值。在 function 函数中编写过滤条件时，过滤条件为 True 的元素被保留，为 False 的元素被过滤。

下面通过一个示例介绍 filter 函数的用法，示例代码如下：

```
# coding=utf-8
# 代码文件：chapter1/ch1.12.2-1.py

users1 = ['Tony', 'Tom', 'Ben', 'Alex']
print(users1)

users_filter = filter(lambda u: u.startswith('T'), users1)   ①
```

```
print(users_filter)
users2 = list(users_filter)                                    ②
print(users2)

users3 = list(users_filter)                                    ③
print(users3)
```

示例运行后，在控制台输出结果如下：

```
['Tony', 'Tom', 'Ben', 'Alex']
<filter object at 0x000001AE8C811880>
['Tony', 'Tom']
[]
```

代码解释如下。

- 第①行调用了 filter 函数过滤 users1 列表，过滤条件是以 T 开头的元素，lambda u: u.startswith('T')是一个 lambda 表达式，提供了过滤条件。注意：filter 函数返回的并不是一个列表对象，而是 filter 对象。
- 第②行将 filter 函数返回的 filter 对象转换为列表对象，这个转换是使用 list 函数实现的。
- 第③行再次从 filter 对象中转换列表数据，但从运行的结果可见，返回的 users3 列表对象是空的。这是因为，filter 对象是一种生成器，生成器特别适用于遍历一些大序列对象，无须将对象的所有元素都载入内存后才开始操作，仅在提取至某个元素时才会将该元素载入内存，因此，filter 对象不能多次提取。由于上述示例已经在第②行提取了一次列表数据，因此在第③行提取数据时返回的列表是空的。

2. 映射函数 map

进行映射操作时可使用 map 函数，它可对可迭代对象的元素进行变换。map 函数的语法如下：

```
map(function, iterable)
```

其中，function 是一个函数，iterable 是可迭代对象。map 函数被调用时，iterable 会被遍历，它的元素被逐一传入 function 函数，在 function 函数中对元素进行变换。

下面通过一个示例介绍 map 函数的用法，示例代码如下：

```
# coding=utf-8
# 代码文件：chapter1/ch1.12.2-2.py

users1 = ['Tony', 'Tom', 'Ben', 'Alex']
print(users1)

users_map = map(lambda u: u.lower(), users1)                   ①
print(users_map)
```

```
users2 = list(users_map)                                    ②
print(users2)
```

示例运行后，在控制台输出结果如下：

```
['Tony', 'Tom', 'Ben', 'Alex']
<map object at 0x000001FFC0011A00>
['tony', 'tom', 'ben', 'alex']
```

代码解释如下。

- 第①行调用 map 函数将 users1 列表的元素转换为小写字母，进行转换时，对列表中的每一个元素都会调用一个匿名函数，即 lambda 表达式，从而实现将列表中的每一个元素都转换为小写字符。map 函数返回的不是一个列表对象，而是一个 map 对象。注意：map 对象也是生成器对象，不能反复提取数据。
- 第②行将 map 函数返回的 map 对象转换为列表对象，这个转换是使用 list 函数实现的。

1.13 文件操作与目录管理

程序经常需要访问文件和目录，以及读取文件信息或写入信息到文件，在 Python 中对文件的读写是通过文件对象（file object）实现的。Python 中的文件对象也被称为类似文件对象（file-like object）或流（stream），文件对象可以是实际的磁盘文件，也可以是其他存储或通信设备，例如内存缓冲区、网络、键盘和控制台等。本节先介绍如何通过文件对象操作文件，然后介绍如何对文件与目录进行管理。

1.13.1 文件操作

文件操作主要包括对文件内容的读写操作，这些操作是通过文件对象（file object）实现的，通过文件对象可以读写文本文件和二进制文件。

1. 打开文件

文件对象可以通过 open 函数获取。open 函数是 Python 的内置函数，它屏蔽了创建文件对象的细节，使得创建文件对象变得简单。open 函数的语法如下：

```
open(file, mode='r', buffering=-1, encoding=None, errors=None, newline=None, closefd=True,
opener=None)
```

open 函数共有 8 个参数，其中，file 和 mode 参数是最为常用的，其他参数在一般情况下很少使用。下面重点介绍 file 和 mode 这两个参数的含义。

（1）file 表示要打开的文件，可以是字符串或整数。如果 file 是字符串，则表示文件名，文件名可以是相对于当前目录的路径，也可以是绝对路径；如果 file 是整数，则表示文件描述符，文件描述符指向一个已经打开的文件。

（2）mode 用于设置文件打开模式。对文件打开模式用字符串表示，基本的文件打开模式如表 1-7 所示。

表 1-7

字 符 串	说　　明
r	以只读模式打开文件（默认）
w	以写入模式打开文件，会覆盖已经存在的文件
x	以独占创建模式打开文件，如果文件不存在，则创建并以写入模式打开，否则抛出异常 FileExistsError
a	以追加模式打开文件，如果文件存在，则写入内容并将其追加到文件末尾
b	以二进制模式打开文件
t	以文本模式（默认）打开文件
+	以更新模式打开文件

表 1-7 中的 b 和 t 是文件类型模式，如果是二进制文件，则需要设置 rb、wb、xb、ab，如果是文本文件，则需要设置 rt、wt、xt、at，由于 t 是默认模式，所以可以简写为"r""w""x""a"。

"+"必须与"r""w""x"或"a"组合使用，用于设置文件为读写模式。对于文本文件，可以使用"r+""w+""x+"或"a+"，对于二进制文件，可以使用"rb+""wb+""xb+"或"ab+"。

提示：r+、w+和 a+的区别：用 r+打开文件时，如果文件不存在，则抛出异常；用 w+打开文件时，如果文件不存在，则创建文件，否则清除文件的内容；a+类似于 w+，在打开文件时如果文件不存在，则创建文件，否则在文件末尾追加。

示例代码如下：

```
# coding=utf-8
# 代码文件：chapter1/ch1.13.1-1.py

# 以 w+模式打开文件 test.txt
fobj = open('test1.txt', 'w+', encoding='utf-8')

# write 函数用于写入字符串到文件
fobj.write('大家好')

fname1 = r'C:\\Users\\tony\\OneDrive\\书\\电子\\Python 自动化办公\\code\\chapter1\\test1.txt'    ①

# 以 a+模式打开文件 test.txt
fobj = open(fname1, 'a+', encoding='utf-8')

fobj.write('！')

fname2 = r'C:\Users\tony\OneDrive\书\电子\Python 自动化办公\code\chapter1\test1.txt'    ②
```

```
fobj = open(fname2, 'r+', encoding='utf-8')
fobj.write('谢谢！')
```

代码解释如下。

- 在第①行 fname1 表示的字符串中有反斜杠，要么采用转义字符"\\"表示，要么采用原始字符串表示，见第②行，将反斜杠"\\"改为斜杠"/"也是可以的，这是因为在 UNIX 和 Linux 系统中都是采用斜杠"/"分隔文件路径的。

2. 关闭文件

在使用 open 函数打开文件后，若不再使用文件，则应该调用文件对象的 close 函数关闭文件。对文件的操作往往会抛出异常，为了保证文件操作无论是正常结束还是异常结束都能够关闭文件，我们也可以使用 with as 代码块进行自动资源管理。

示例代码如下：

```
# coding=utf-8
# 代码文件：chapter1/ch1.13.1-2.py

fobj = open('test1.txt', 'a+', encoding='utf-8')   # 通过 a+模式打开 test1.txt'文件
fobj.write('大家好！')
fobj.close()   # 关闭文件

with open('test1.txt', 'a+', encoding='utf-8') as fobj:        ①
    fobj.write('大家好！')
```

代码解释如下。

- 第①行使用了 with as 代码块打开文件，返回文件对象并赋值给 fobj 变量。在 with 代码块中进行读写文件操作，最后在 with 代码块结束时关闭文件。

1.13.2 文本文件读写

文本文件读写的单位是字符，而且字符是有编码的。文本文件读写的主要函数有如下几种。

- read(size=-1)：从文件中读取字符串，size 限制最多读取的字符数，在 size=-1 时没有限制，读取全部内容。
- readline(size=-1)：读取到换行符或文件尾并返回单行字符串，如果已经到文件尾，则返回一个空字符串，size 是限制读取的字符数，在 size=-1 时没有限制。
- readlines()：读取文件数据到一个字符串列表中，每一个行数据都是列表的一个元素。
- write(s)：将字符串"s"写入文件，并返回写入的字符数。
- writelines(lines)：向文件中写入一个列表，不添加行分隔符，因此通常为每一行末尾都提供行分隔符。

- flush()：刷新写缓冲区，数据会被写入文件。

下面通过文件复制示例熟悉文本文件的读写操作，代码如下：

```
# coding=utf-8
# 代码文件：chapter1/ch1.13.2.py

f_name = 'data/test1.txt'

with open(f_name, 'r', encoding='utf-8') as f:          ①
    lines = f.readlines()            # 从文件中读取数据到一个列表中
    print(lines)
    copy_f_name = 'data/copy.txt'
    with open(copy_f_name, 'w', encoding='utf-8') as copy_f:
        copy_f.writelines(lines)     # 将列表数据写入文件
        print('文件复制成功')
```

代码解释如下。

- 第①行打开当前 data 目录下的 test1.txt 文件，由于 test1.txt 文件采用 UTF-8 编码，因此在打开时需要指定 UTF-8 编码。

1.13.3 二进制文件读写

二进制文件的读写单位是字节，不需要考虑编码问题。二进制文件读写的主要函数如下。

- read(size=-1)：从文件中读取字节，size 限制最多读取的字节数，如果 size=-1，则读取全部字节。
- readline(size=-1)：从文件中读取并返回一行，size 限制读取的字节数，如果 size=-1，则没有限制。
- readlines()：读取文件数据到一个字节列表中，每一个行数据都是列表的一个元素。
- write(b)：写入 b 字节，并返回写入的字节数。
- writelines(lines)：向文件中写入一个字节列表，不添加行分隔符，因此通常为每一行末尾都提供行分隔符。
- flush()：刷新写缓冲区，数据会被写入文件中。

下面通过文件复制示例熟悉二进制文件的读写操作，代码如下：

```
# coding=utf-8
# 代码文件：chapter1/ch1.13.3.py
f_name = 'data/北京房价数据.xlsx'

with open(f_name, 'rb') as f:            ①
    b = f.read()                         ②
    copy_f_name = 'data/北京房价数据2.xlsx'
```

```
with open(copy_f_name, 'wb') as copy_f:        ③
    copy_f.write(b)                             ④
    print('文件复制成功')
```

代码解释如下。

- 第①行打开当前 data 目录下的"北京房价数据.xlsx"文件，并将其复制到当前目录的 data 目录下的"北京房价数据 2.xlsx"文件中。
- 第②行通过 read 函数读取所有数据，并返回字节对象 b。
- 第③行打开要复制的文件，打开模式是 wb，如果文件不存在，则创建，否则覆盖。
- 第④行采用 write 函数将字节对象 b 写入文件。

1.13.4　os 模块

Python 对文件的操作是通过文件对象实现的，文件对象属于 Python 的 io 模块。如果通过 Python 程序管理文件或目录，例如删除文件、修改文件名、创建目录、删除目录和遍历目录等，则都可以通过 Python 的 os 模块实现。

os 模块提供了使用操作系统功能的一些函数，例如对文件与目录的管理。本节介绍 os 模块中与文件和目录管理相关的函数，这些函数如下。

- os.rename(src,dst)：修改文件名，src 是源文件，dst 是目标文件，它们都可以是以相对路径或绝对路径表示的文件。
- os.remove(path)：删除 path 所指向的文件，如果 path 是目录，则会引发 OSError。
- os.mkdir(path)：创建 path 所指向的目录，如果目录已存在，则会引发 FileExistsError。
- os.rmdir(path)：删除 path 所指向的目录，如果目录非空，则会引发 OSError。
- os.walk(top)：遍历 top 所指向的目录树，自顶向下遍历目录树，返回值是一个有三个元素的元组（目录路径,目录名列表,文件名列表）。
- os.listdir(dir)：列出指定目录下的文件和子目录。

常用的属性有以下两个。

- os.curdir：获取当前目录。
- os.pardir：获取当前父目录。

示例代码如下：

```
# coding=utf-8
# 代码文件：chapter1/ch1.13.4.py
import os

f_name = 'data/test1.txt'
copy_f_name = 'data/copy.txt'
```

```
subdir1 = 'data/subdir'

if os.path.exists(copy_f_name):        # 判断文件是否存在
    os.remove(copy_f_name)             # 删除文件

if os.path.exists(f_name):
    os.rename(f_name, copy_f_name)

print(os.listdir(os.curdir))           # 获取当前目录
print(os.listdir(os.pardir))           # 获取当前父目录

if not os.path.exists(subdir1):        # 判断 subdir1 目录是否存在

    os.mkdir(subdir1)                  # 创建目录

    for item in os.walk('data/'):      # 遍历 data 目录
        print(item)
```

1.13.5　os.path 模块

对文件和目录的操作往往需要路径，Python 提供的 os.path 模块提供了对路径、目录和文件等进行管理的函数。本节介绍 os.path 模块的一些常用函数，这些函数如下。

- os.path.abspath(path)：返回 path 的绝对路径。
- os.path.basename(path)：返回 path 中的文件名部分，如果 path 指向的是一个文件，则返回文件名；如果 path 指向的是一个目录，则返回最后的目录名。
- os.path.dirname(path)：返回 path 中的目录部分。
- os.path.exists(path)：判断 path 文件是否存在。
- os.path.isfile(path)：如果 path 是文件，则返回 True。
- os.path.isdir(path)：如果 path 是目录，则返回 True。
- os.path.getatime(path)：返回最后一次的访问时间，返回值是一个 UNIX 时间戳（自 1970 年 1 月 1 日 00:00:00 以来至现在的总秒数），如果文件不存在或无法访问，则引发 OSError。
- os.path.getmtime(path)：返回最后的修改时间，返回值是一个 UNIX 时间戳，如果文件不存在或无法访问，则引发 OSError。
- os.path.getctime(path)：返回创建时间，返回值是一个 UNIX 时间戳，如果文件不存在或无法访问，则引发 OSError。
- os.path.getsize(path)：返回文件的大小，以字节为单位，如果文件不存在或无法访问，则引发 OSError。

示例代码如下:

```python
# coding=utf-8
# 代码文件：chapter1/ch1.13.5.py
import os

from datetime import datetime

f_name = 'data/北京房价数据.xlsx'

basename = os.path.basename(f_name)      # 返回 path 中的文件名部分
print(basename)                           # 北京房价数据.xlsx

dirname = os.path.dirname(f_name)        # 返回 path 中的目录部分
print(dirname)                            # 输出 data

# 返回文件的绝对路径
print(os.path.abspath(f_name))

# 返回文件大小
print(os.path.getsize(f_name))           # 输出 259983
# 返回最近访问时间
atime = datetime.fromtimestamp(os.path.getatime(f_name))
print(atime)

# 返回创建时间
ctime = datetime.fromtimestamp(os.path.getctime(f_name))
print(ctime)

# 返回修改时间
mtime = datetime.fromtimestamp(os.path.getmtime(f_name))
print(mtime)

print(os.path.isfile(dirname))           # False
print(os.path.isdir(dirname))            # True
print(os.path.isfile(f_name))            # True
print(os.path.isdir(f_name))             # False
print(os.path.exists(f_name))            # True
```

示例运行后，在控制台输出结果如下：

```
北京房价数据.xlsx
data
C:\...\code\chapter1\data\北京房价数据.xlsx
259983
2021-05-24 22:18:06.841863
```

```
2021-05-22 16:15:29.973945
2021-04-12 09:52:00.622952
False
True
True
False
True
```

1.14 异常处理机制

扫码看视频

为增强程序的健壮性，在进行计算机程序的编写时，也需要考虑如何处理这些异常情况。Python 提供了异常处理功能，本节介绍 Python 的异常处理机制。

1.14.1 捕获异常

捕获异常是通过 try-except 语句实现的，基本的 try-except 语句的语法如下：

```
try :
    <可能会抛出异常的语句>
except [异常类型] :
    <处理异常>
```

在 try 代码块中包含执行过程中可能会抛出异常的语句，每个 try 代码块都可以伴随一个或多个 except 代码块，用于处理 try 代码块中所有可能抛出的异常。在 except 语句中如果省略"异常类型"，即不指定具体异常，会捕获所有类型的异常；如果指定具体类型的异常，则捕获该类型的异常及它的子类型异常。示例代码如下：

```
# coding=utf-8
# 代码文件：chapter1/ch1.14.1.py

import datetime as dt                   # 导入模块 datetime 并起一个别名 dt

'''定义了一个函数，在函数中将传入的字符串转换为日期，并进行格式化。'''


def read_date(in_date):
    try:
        # strptime 函数用于将字符串转换为日期对象
        date = dt.datetime.strptime(in_date, '%Y-%m-%d')           ①
        return date
    except ValueError as e:             # 捕获 ValueError 异常      ②
        print('处理 ValueError 异常')
        print(e)
```

```
if __name__ == '__main__':        # 判断当前模块是否为主模块        ③
    str_date = '2020-8-18'        # 测试字符串'2020-8-18'
    date = read_date(str_date)
    print('日期  = {0}'.format(date))
```

示例运行后，在控制台输出结果如下：

日期 = 2020-08-18 00:00:00

代码解释如下。

- 第①行的 strptime 函数用于将字符串按照'%Y-%m-%d'格式转换为日期对象，但并非所有字符串都是有效的日期字符串，因此调用 strptime 函数有可能引发 ValueError 异常。
- 第②行捕获 ValueError 异常。"ValueError as e"表达式用于获取异常对象。注意，本例中的'2020-8-18'字符串是有效的日期字符串，因此不会抛出异常。如果将字符串改为无效的日期字符串，如'2020-B-18'，则会打印以下信息：

处理 ValueError 异常
time data '2020-B-18' does not match format '%Y-%m-%d'
日期 = None

- 第③行判断当前模块是否为主模块，主模块是程序的入口。

> **提示：** 第③行为什么要判断主模块呢？这是因为当有多个模块时，其中会有一个模块是主模块，它是程序运行的入口，这类似于 C 和 Java 中的 main 主函数。如果只有一个模块，则可以不用判断是否为主模块，不用主函数，在此之前的示例都是没有主函数的。

1.14.2　释放资源

有时 try-except 语句会占用一些资源，例如打开文件、打开网络连接、打开数据库连接和使用数据结果集等，这些资源不能通过 Python 的垃圾收集器回收，需要程序员手动释放。为了确保这些资源能够释放，可以使用 finally 代码块或 with as 代码块进行自动资源管理。

1. finally 代码块

在 try-except 语句后面还可以跟一个 finally 代码块。try-except-finally 的语法如下：

```
try :
    <可能会抛出异常的语句>
except [异常类型 1] :
    <处理异常>
except [异常类型 2] :
    <处理异常>
```

```
...
except [异常类型 n]：
    <处理异常>
finally ：
    <释放资源>
```

无论是 try 正常结束还是 except 异常结束，都会执行 finally 代码块，如图 1-23 所示。

图 1-23

使用 finally 代码块的示例代码如下：

```
# coding=utf-8
# 代码文件：chapter1/ch1.14.2-1.py
import datetime as dt

f_name = 'data/test1.txt'

''' read_date_from_file 函数从文件中读取字符串并转换为日期。'''


def read_date_from_file(filename):                          ①
    try:
        file = open(filename)                # 在打开文件的过程中可能引发 FileNotFoundError 异常
        in_date = file.read()                # 在读取文件内容时可能引发 OSError 异常
        in_date = in_date.strip()            # strip 函数用于删除字符串前后的空格
        date = dt.datetime.strptime(in_date, '%Y-%m-%d')
        return date
    except ValueError as e:
        print('处理 ValueError 异常')
    except FileNotFoundError as e:
        print('处理 FileNotFoundError 异常')
    except OSError as e:
        print('处理 OSError 异常')
```

```
    finally:
        file.close()                          # 关闭文件

if __name__ == '__main__':
    date = read_date_from_file(f_name)
    print('日期 = {0}'.format(date))
```

代码解释如下。

- 第①行定义 read_date_from_file 函数从 test1.txt 文件中读取字符串并转换为日期。test1.txt 文件的内容如图 1-24 所示,其中包含一行日期字符串。

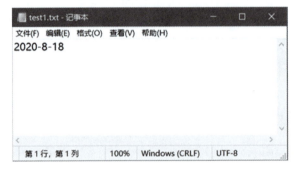

图 1-24

2. with as 代码块

使用 finally 代码块释放资源虽然使程序变得"健壮",但流程比较复杂,这样的程序难以维护。为此,Python 提供了 with as 代码块帮助自动释放资源,它可以代替 finally 代码块,优化代码结构,提高程序的可读性。在 with as 代码块中,在 as 后面声明一个资源变量。在 with as 代码块结束之后自动释放资源。

示例代码如下:

```
# coding=utf-8
# 代码文件:chapter1/ch1.10.4-2.py

import datetime as dt

f_name = 'data/test1.txt'


def read_date_from_file(filename):
    try:
        with open(filename) as file:                          ①
```

```
            in_date = file.read()

        in_date = in_date.strip()
        date = dt.datetime.strptime(in_date, '%Y-%m-%d')
        return date
    except ValueError:
        print('处理 ValueError 异常')
    except OSError:
        print('处理 OSError 异常')


if __name__ == '__main__':
    date = read_date_from_file(f_name)
    print('日期 = {0}'.format(date))
```

代码解释如下。

- 第①行使用了 with as 代码块，with 后面的 open(filename)语句可以用于创建资源对象，然后赋值给 as 后面的 file 变量。在 with as 代码块中包含了资源对象相关的代码，with as 代码块在执行完成后自动释放资源。采用了自动资源管理后，不再需要 finally 代码块，也不需要自己释放这些资源。

第 2 章 让"虫子"帮你收集数据——网络爬虫技术

在办公过程中,我们的大部分工作都是围绕数据展开的,而数据的主要来源之一是网络,那么收集数据就是我们的工作起点,收集数据主要是通过网络爬虫进行的。

2.1 数据从哪里来——收集数据

扫码看视频

数据来源千差万别,数据的真实性也值得我们商榷,我们应该如何收集数据呢?

数据的来源主要有如下三个渠道。

(1)公司内部的原有数据:指公司自己的业务产生的数据,例如银行业务系统产生的数据。

(2)第 3 方数据:指经过第 3 方授权获取的数据,例如展示天气信息的网站,其数据是经过气象局授权获取的。

第 2 章 让"虫子"帮你收集数据——网络爬虫技术

（3）通过网络获取的数据：我们还可以通过一些可靠的网站下载数据，例如政府相关部门的网站及大学、科研机构等权威网站。如图 2-1 所示是国家统计局网站，该网站提供的商品房销售面积数据如图 2-2 所示，用户可以通过单击下载按钮下载数据，但是需要先注册再下载。

图 2-1

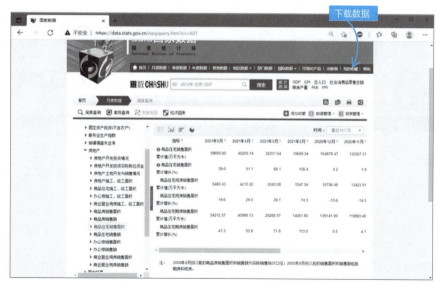

图 2-2

2.2 收集股票的历史交易数据

最近白酒行业股票状况变化很大。
嗯，是的，你对股票感兴趣？

没有啊！老板让我收集贵州茅台股票的历史交易数据。
你可以到网易财经、搜狐证券等门户网站收集一下。

如图 2-3 所示是网易财经展示的贵州茅台股票的历史交易数据。单击"下载数据"超链接，会弹出如图 2-4 所示的对话框，选择完成后单击"下载"按钮就可以下载数据了，所下载的数据是 CSV 格式。CSV（Comma-Separated Values）是以逗号分隔数据项（也被称为字段）的数据交换格式，主要应用于电子表格和数据库之间的数据交换。

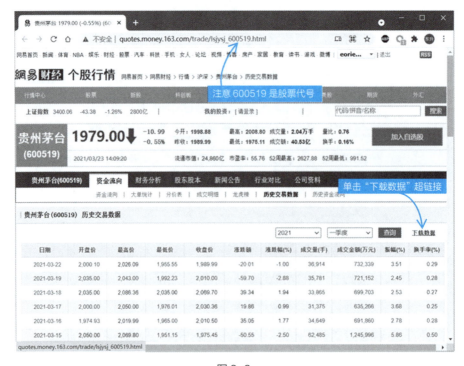

图 2-3

第 2 章　让"虫子"帮你收集数据——网络爬虫技术

图 2-4

> **提示：** CSV 是文本文件，可以使用记事本等文本编辑器打开，如图 2-5 所示，还可以使用 Excel 打开，如图 2-6 所示。另外，可以将 Excel 中的电子表格另存为 CSV 文件，但这可能会导致数据格式丢失，例如 CSV 文件中的"0001"数据使用 Excel 打开会变为 1。在 Windows 平台上，默认的字符集是 GBK，要想使用 Excel 打开 CSV 文件且不乱码，就需要将 CSV 文件保存为 GBK 字符集。

图 2-5

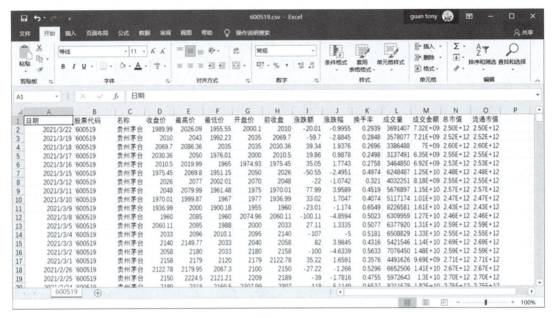

图 2-6

扫码看视频

2.3 自动爬取数据

我想编写 Python 程序自动下载数据，这能行吗？

当然，我们将这类程序称为"网络爬虫"。

网络爬虫（又被称为网页蜘蛛、网络机器人）指一种按照一定规则自动抓取互联网数据的计算机程序。编写网络爬虫程序主要涉及网络通信、多线程并发、数据交换、HTML 等 Web 前端技术，以及数据分析、存储等技术。下面使用 Python 官方提供的 urllib 库爬取数据。

Python 官方提供的 urllib 库包含以下 4 个模块。

- urllib.request：用于打开和读写 URL 资源。
- urllib.error：包含由 urllib.request 引发的异常。
- urllib.parse：用于解析 URL 文件。

- urllib.robotparser：用于分析 robots.txt 文件[1]。

在访问互联网资源时主要使用的模块是 urllib.request、urllib.error 和 urllib.parse，其中的核心模块是 urllib.request。在 urllib.request 中访问互联网资源主要使用的是 urllib.request.urlopen 函数和 urllib.request.Request 对象，urllib.request.urlopen 函数可以用于访问简单的网络资源，urllib.request.Request 对象可以用于访问复杂的网络资源。

使用 urllib.request.urlopen 函数下载数据的代码如下：

```
# coding=utf-8
# 代码文件：chapter2/ch2.3.py
import os
import urllib.request

# 准备请求下载数据的 URL 网址
url = 'http://quotes.money.163.com/service/chddata.html?code={0}&start={1}&end={2}&fields={3}'    ①

# 设置请求数据的字段
fields = 'TCLOSE;HIGH;LOW;TOPEN;LCLOSE;CHG;PCHG;TURNOVER;VOTURNOVER;
VATURNOVER;TCAP;MCAP'                                                                             ②
# 传递参数，获取最终的 URL 字符串
strURL = url.format('0600519', '20010827', '20210323', fields)                                    ③
print("请求的 URL：", strURL)

req = urllib.request.Request(strURL)

with urllib.request.urlopen(req) as response:
    dataStr = response.read().decode(encoding='gbk', errors='ignore')
    print(dataStr)

    # 如果 data 文件夹不存在，则创建
    if not os.path.exists('data'):
        os.mkdir('data')
    fileName = '贵州茅台股票的历史交易数据.csv'
    filePath = 'data/' + fileName

    with open(filePath, 'w+') as f:
        f.write(dataStr)
print('下载文件成功')
```

---

1 各大搜索引擎都会有一个搜索引擎机器人，也叫作"蜘蛛"，它会自动抓取网站信息。robots.txt 文件则被放在网站根目录下，用于告诉搜索引擎机器人可以抓取哪些页面，不可以抓取哪些页面。

代码解释如下。

- 第①行准备请求数据的 URL 网址，其中有 4 个参数需要动态传递。
- 第②行设置请求下载数据的字段。在图 2-4 所示的对话框中可以选择要下载数据的字段。通过网络爬虫程序下载数据时，需要通过相应的字符串指定要下载的字段。注意，这些字符串之间以分号分隔，对应的字段如表 2-1 所示。
- 第③行向 URL 网址传递参数，获取最终的 URL 字符串。其中，第 1 个参数'600519'表示贵州茅台的股票代码，贵州茅台的股票代码是 600519，但在网易财经网站查询时需要在前面补一个 0，即 0600519；第 2 个参数'20010827'表示开始时间；第 3 个参数'20210323'表示结束时间；第 4 个参数 fields 表示要下载数据的字段。

表 2-1

字 符 串	对应的字段
TCLOSE	收盘价
HIGH	最高价
LOW	最低价
TOPEN	开盘价
LCLOSE	前收盘
CHG	涨跌额
PCHG	涨跌幅
TURNOVER	换手率
VOTURNOVER	成交量
VATURNOVER	成交金额
TCAP	总市值
MCAP	流通市值

示例运行后，会在 data 文件夹下生成股票的历史交易数据 CSV 文件。

2.4 从繁杂的 HTML 代码中解析数据——使用 BeautifulSoup 库

你给我推荐的两个网站都提供了多种数据格式用于下载，但很多网站都没有提供丰富的数据格式，数据往往被包裹在 HTML 代码中。例如，同样是贵州茅台股票的历史交易数据，如果没有提供 CSV 格式，则要想获取股票数据，只能从 HTML 代码中解析并提取。打开网页的 HTML 代码，如图 2-7 所示。

我们可以使用 BeautifulSoup 库解析 HTML 代码。

第 2 章 让"虫子"帮你收集数据——网络爬虫技术

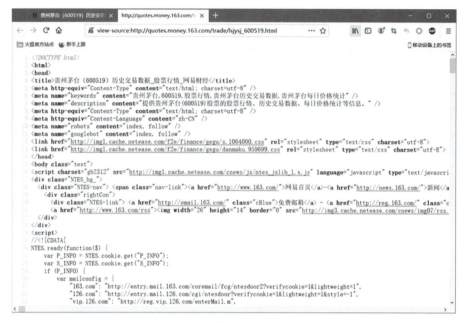

图 2-7

我们可以使用正则表达式解析 HTML 代码，但若不擅长编写正则表达式，则可以使用 BeautifulSoup 库解析数据。

1. 安装 BeautifulSoup 库

我们可以通过 pip 指令安装 BeautifulSoup 库。打开命令提示符窗口，输入如下 pip 指令，按回车键执行指令，效果如图 2-8 所示。

```
pip install beautifulsoup4
```

图 2-8

我用的是 MacOS 或 Linux 系统，使用 pip 指令似乎不行呢？

在 MacOS 和 Linux 系统中将 pip 指令换成 pip3 指令就可以了。

哦，我不喜欢命令提示符这样黑乎乎的窗口，有没有图形界面安装方式呢？

有，你可以直接在 PyCharm 工具中安装第 3 方库。如果你没有启动 PyCharm 工具，那么可以通过如图 2-9 所示的 PyCharm 欢迎界面中的 All settings 菜单打开设置对话框。如果你已经启动 PyCharm 工具，那么可以通过 File→Settings 菜单打开设置对话框，如图 2-10 所示，在设置对话框中找到 Python Interpreter 设置项，单击"+"按钮，会弹出如图 2-11 所示的安装库对话框，查找并安装库。

图 2-9

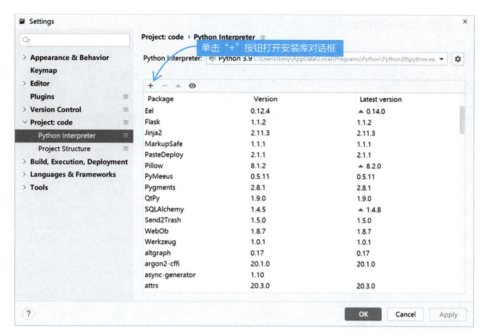

图 2-10

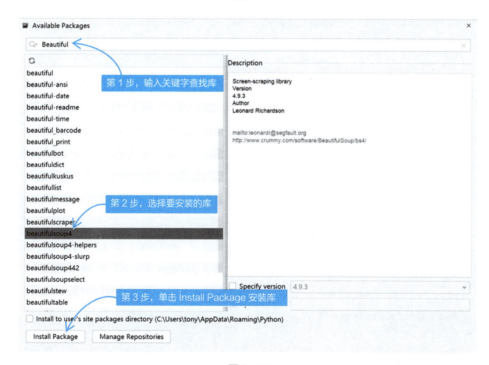

图 2-11

2. BeautifulSoup 常用的 API

在 BeautifulSoup 中主要使用的对象是 BeautifulSoup 实例，BeautifulSoup 中的常用函数如下。

- find_all(tagname)：根据 HTML 标签名返回所有符合条件的元素列表。
- find(tagname)：根据 HTML 标签名返回符合条件的第 1 个元素。
- select(selector)：通过 CSS 中的选择器查找符合条件的所有元素。
- get(key, default=None)：获取标签的属性值，key 是标签的属性名。

BeautifulSoup 常用的属性如下。

- title：获取当前 HTML 页面的 title 属性值。
- text：返回标签中的文本内容。

使用 BeautifulSoup 的示例代码如下：

```python
# coding=utf-8
# 代码文件：chapter2/ch2.4.py

import urllib.request
from bs4 import BeautifulSoup

# 请求数据的 URL 网址
url = 'http://quotes.money.163.com/trade/lsjysj_{0}.html?year={1}&season={2}'

# 传递参数，获取最终的 URL 网址
strURL = url.format('600519', '2021', '1')      # 股票代码、年、季度
print("请求的 URL：", strURL)

req = urllib.request.Request(strURL)

with urllib.request.urlopen(req) as response:
    dataStr = response.read().decode(encoding='utf-8', errors='ignore')
    # 创建 BeautifulSoup 对象
    sp = BeautifulSoup(dataStr, 'html.parser')                    ①
    # 返回包含数据的表格 table 中的所有行，即所有 tr 标签对象
    trList = sp.select('.table_bg001 > tr')                       ②

    # 保存数据列表
    datas = []
    for tr in trList:
        # 查找 tr 标签下面的所有 td 标签
        tds = tr.findAll('td')                                    ③

        # 保存一行数据的字典对象
```

```
        row = dict()
        # 日期
        row['Date'] = tds[0].text
        # 开盘价
        row['Open'] = float(tds[1].text.replace(',', ''))
        # 最高价
        row['High'] = float(tds[2].text.replace(',', ''))
        # 最低价
        row['Low'] = float(tds[3].text.replace(',', ''))
        # 收盘价
        row['Close'] = float(tds[4].text.replace(',', ''))
        # 成交量
        row['Volume'] = int(tds[7].text.replace(',', ''))
        datas.append(row)
# 测试爬取的数据
print(datas)
```

代码解释如下。

- 第①行创建 BeautifulSoup 对象，dataStr 参数表示要解析的 HTML 字符串，'html.parser'表示设置 BeautifulSoup 采用的解析器。
- 第②行通过 select 函数查询表格中的所有行数据。如图 2-12 所示，使用 Firefox 浏览器的 Web 开发工具查看 HTML 代码，select 函数中的".table_bg001 > tr"表示 CSS 选择器，其中".table_bg001"表示表格的 CSS 样式类名，"> tr"表示找到该标签下的所有 tr 元素，每个 tr 元素都表示表格中的一行数据。
- 第③行中的 findAll 函数用于从当前 tr 标签中查找所有 td 元素，每个 td 元素都是一个单元格。

BeautifulSoup 可以使用的解析器有如下 4 个。

（1）html.parser：为用 Python 编写的解析器，速度比较快，支持 Python 2.7.3 和 Python 3.2.2 以上版本。

（2）lxml：为用 C 编写的解析器，速度很快，依赖 C 库。如果是 CPython 环境，则可以使用该解析器。

（3）lxml-xml：为用 C 编写的 XML 解析器，速度很快，依赖 C 库。

（4）html5lib：为 HTML 5 解析器。

综合各方面考虑，在本例中使用 html.parser 解析器是不错的选择，可以通过牺牲速度换取兼容性。

图 2-12

 Firefox 浏览器的 Web 开发工具是什么?

 Firefox 和 Chrome 等浏览器都提供了 Web 开发工具,这些工具可以帮助我们进行 Web 前端开发。在 Firefox 浏览器中可以通过菜单"更多工具"→"Web 开发者工具",或通过组合键 Ctrl+Shift+I,打开或关闭该工具。

2.5 爬不到数据怎么办——使用 Selenium 工具

扫码看视频

 搜狐证券网也有我需要的股票数据,如图 2-13 所示,但是我爬取回来的 HTML 代码,其表格中没有数据,如图 2-14 所示,这该怎么办?

 你有没有直接在浏览器中查看网页源码呢?看看有没有数据。

 我在源码中没有看到数据,使用 Firefox 浏览器的 Web 开发工具却可以看到有数据,如图 2-15 所示,这是为什么呢?

 这是因为该网站采用了动态 Ajax(Asynchronous JavaScript and XML)技术。

第 2 章 让"虫子"帮你收集数据——网络爬虫技术

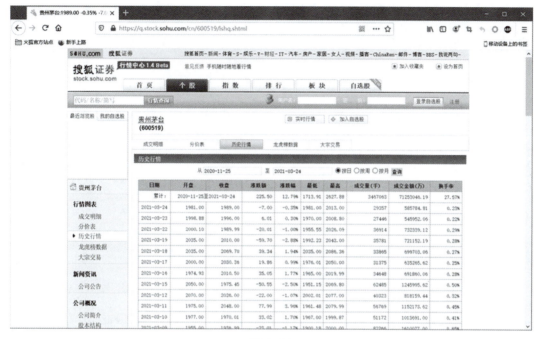

图 2-13

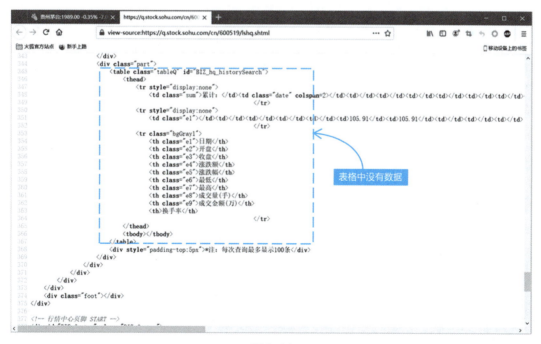

图 2-14

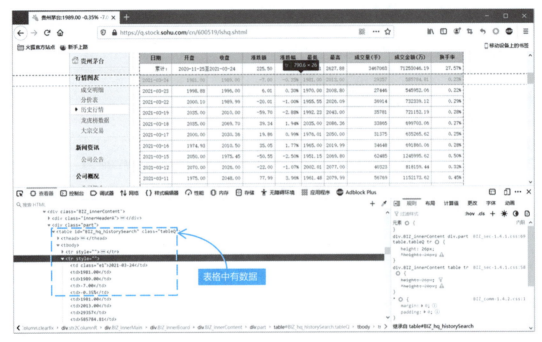

图 2-15

2.5.1 Ajax 动态数据

Ajax 可用于异步发送请求并获取数据，在请求过程中不用刷新页面，用户体验好。而且在异步请求过程中，并不返回整个页面的 HTML 代码，只返回少量数据，这可以减少网络资源占用，提高通信效率。搜狐网提供的股票数据就采用了 Ajax 技术。

2.5.2 使用 Selenium 爬取数据

进行动态数据爬取时，我们可以使用 Selenium 模拟浏览器。Selenium 可以启动本机浏览器，然后通过程序控制浏览器。我们可以通过 Selenium 操作浏览器发送请求并获取 HTML 数据。

1. 安装和配置 Selenium

通过 pip 安装 Selenium 的指令如下：

```
pip install selenium
```

Selenium 需要操作本地浏览器，浏览器默认是 Firefox，因此这里推荐安装 Firefox 浏览器，版本要求为 55 以上版本。由于版本兼容问题，还需下载浏览器引擎 GeckoDriver，可在本书配套软件中找到 GeckoDriver 并下载，也可自行下载。注意，要根据自己的平台选择对应的版本，并不需要安装 GeckoDriver，将下载的包做解压处理就可以了。

配置环境变量，将 Firefox 浏览器的安装目录和 GeckoDriver 的解压目录添加到系统 PATH，如图 2-16 所示。注意，在配置完成后一定要重启计算机。

图 2-16

2. Selenium 常用的 API

用 Selenium 操作浏览器主要是通过 WebDriver 对象实现的，WebDriver 对象提供了操作浏览器和访问 HTML 代码中数据的函数。

操作浏览器的函数如下。

- refresh()：刷新网页。
- back()：回到上一个页面。
- forward()：进入下一个页面。
- close()：关闭窗口。
- quit()：结束浏览器的执行。
- get(url)：浏览 URL 网址所指向的网页。

访问 HTML 代码中数据的函数如下。

- find_element_by_id(id)：通过元素的 id 查找符合条件的第 1 个元素。
- find_elements_by_id(id)：通过元素的 id 查找符合条件的所有元素。
- find_element_by_name(name)：通过元素的名称查找符合条件的第 1 个元素。
- find_elements_by_name(name)：通过元素的名称查找符合条件的所有元素。

- find_element_by_link_text(link_text)：通过链接文本查找符合条件的第 1 个元素。
- find_elements_by_link_text(link_text)：通过链接文本查找符合条件的所有元素。
- find_element_by_tag_name(name)：通过标签的名称查找符合条件的第 1 个元素。
- find_elements_by_tag_name(name)：通过标签的名称查找符合条件的所有元素。
- find_element_by_xpath(xpath)：通过 XPath 查找符合条件的第 1 个元素。
- find_elements_by_xpath(xpath)：通过 XPath 查找符合条件的所有元素。
- find_element_by_class_name(name)：通过 CSS 中的 class 属性查找符合条件的第 1 个元素。
- find_elements_by_class_name(name)：通过 CSS 中的 class 属性查找符合条件的所有元素。
- find_element_by_css_selector(css_selector)：通过 CSS 中的选择器查找符合条件的第 1 个元素。
- find_elements_by_css_selector(css_selector)：通过 CSS 中的选择器查找符合条件的所有元素。

还有如下一些常用属性。

- current_url：获取当前页面的网址。
- page_source：返回当前页面的 HTML 代码。
- title：获取当前 HTML 页面的 title 属性值。
- text：返回标签中的文本内容。

用 Selenium 爬取数据的示例代码如下：

```python
# coding=utf-8
# 代码文件：chapter2/ch2.5.py
# 导入 Selenium 模块
from selenium import webdriver

# 创建 Firefox 浏览器使用的 WebDriver 对象
driver = webdriver.Firefox()          ①

url = 'http://q.stock.sohu.com/cn/{0}/lshq.shtml'
# 传递参数，获取最终的 URL 网址
strURL = url.format('600519')    # 股票代码
print("请求的 URL：", strURL)

# 发送请求
driver.get(strURL)

# 通过 id 找到表格标签对象
tableElement = driver.find_element_by_id('BIZ_hq_historySearch')    ②

# 通过标签名找到表格中的所有 tr 元素
```

```
trList = tableElement.find_elements_by_tag_name('tr')

# 保存数据列表
datas = []
for index, tr in enumerate(trList):                                ③
    # 跳过表格前 4 行数据
    if index < 4:                                                  ④
        continue
    # 查找 tr 下面的所有元素
    tds = tr.find_elements_by_tag_name('td')

    # 保存一行数据的字典对象
    row = dict()
    # 日期
    row['Date'] = tds[0].text
    # 开盘价
    row['Open'] = float(tds[1].text.replace(',', ''))
    # 收盘价
    row['Close'] = float(tds[2].text.replace(',', ''))
    # 最高价
    row['High'] = float(tds[5].text.replace(',', ''))
    # 最低价
    row['Low'] = float(tds[6].text.replace(',', ''))
    # 成交量
    row['Volume'] = int(tds[7].text.replace(',', ''))
    datas.append(row)
# 测试爬取回来的数据
print(datas)

# 退出浏览器
driver.quit()
```

代码解释如下。

- 第①行创建了 Firefox 浏览器使用的 WebDriver 对象，不同浏览器的初始化方法不同，Selenium 支持主流浏览器，也支持移动平台浏览器。Selenium 对 Firefox 浏览器的支持是最好的。
- 第②行通过 id 查找元素，BIZ_hq_historySearch 是 table 标签的 id 属性，如果采用 class 属性查找元素，则可以使用 find_element_by_class_name 方法。
- 第③行遍历所有 tr 元素。注意，enumerate 函数返回有两个元素的元组(index, tr)，其中，index 是索引。
- 第④行跳过表格前 4 行数据，具体原因如图 2-17 所示。

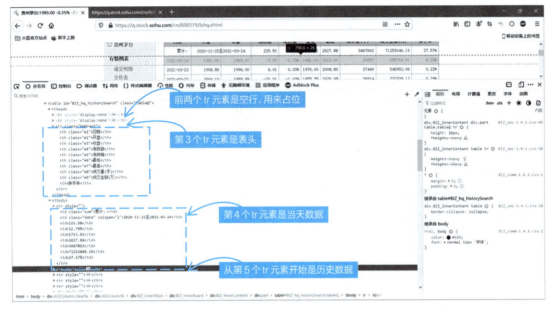

图 2-17

2.6 有验证码怎么办

 在使用网络爬虫技术爬取数据时,很多数据都需要登录后才能下载,而登录时往往需要验证码!

这就需要识别验证码了。

2.6.1 验证码概述

为防止计算机程序模拟人登录网站进行一些违规操作,例如恶意注册、刷票、论坛灌水等,网站后台会生成一个随机编码,即验证码,使用户在登录时不仅要输入正确的用户名和密码,还要输入正确的验证码。

随着人工智能技术的发展,验证码越来越复杂,在验证码中不仅有简单的字符,还有汉字、数学运算符等。验证码的形式也多种多样,例如有图像、声音等。

2.6.2 验证码识别

验证码识别涉及的技术有很多,但核心技术是图像识别和语音识别等。

各个网站生成的验证码各有不同,因此对于验证码识别要具体问题具体分析。本节介绍的是相对简单的网站图像验证码识别，如图 2-18 所示。

图 2-18

为了识别图像中的验证码，需要使用 OCR（Optical Character Recognition，光学字符识别）。简单地说，OCR 可用于识别图像中的文字，涉及人工智能中的机器学习或深度学习技术，但这些内容已经超出本书范围，这里推荐使用 OCR 引擎 Tesseract。

2.6.3 安装 OCR 引擎 Tesseract

Tesseract 是一个开源的 OCR 引擎，可用于识别多种格式的图像文件并将其转换成文本，目前已支持 60 多种语言（包括中文）。下载 Tesseract，如图 2-19 所示。推荐下载 Windows 版本的 .exe 安装文件，下载完成后安装即可，安装过程不再赘述。

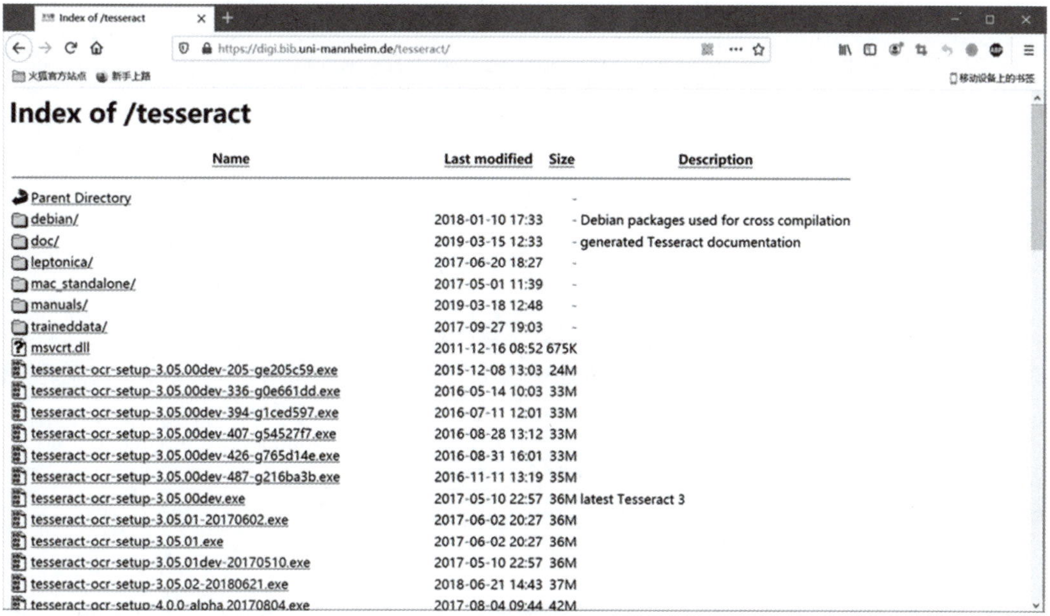

图 2-19

在安装成功后需要编辑环境变量，将 Tesseract 的安装目录添加到系统 PATH，如图 2-20 所示（图中为在 Windows 10 上添加）。

图 2-20

2.6.4 安装 pytesseract

Tesseract 是一个 OCR 引擎，也是一个 OCR 工具，读者可以使用 tesseract.exe 命令行工具识别图像中的文字。但是，如果要在 Python 程序中调用 Tesseract 识别图像中的文字，则需要安装 pytesseract。

可以使用 pip 工具安装 pytesseract，指令如下：

```
pip install pytesseract
```

其他平台的安装过程类似，这里不再赘述。

在安装 pytesseract 成功后，还需要配置环境。在 Python 安装路径的 Lib\site-packages\pytesseract 目录下找到 pytesseract.py 文件，如图 2-21 所示。

第 2 章 让"虫子"帮你收集数据——网络爬虫技术

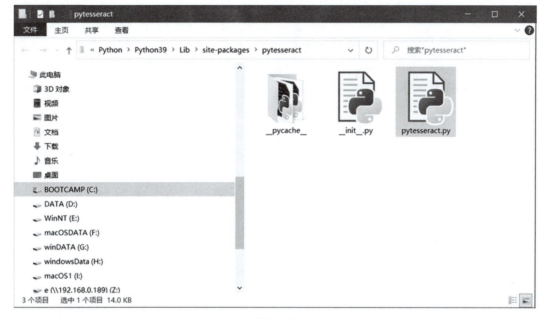

图 2-21

修改 pytesseract.py 文件，主要代码如下：

```
...
try:
    from PIL import Image
except ImportError:
    import Image


# tesseract_cmd = 'tesseract'                                           ①
tesseract_cmd = r'C:\Program Files\Tesseract-OCR\tesseract.exe'         ②

numpy_installed = find_loader('numpy') is not None
if numpy_installed:
    from numpy import ndarray
...
```

将以上代码第①行 tesseract_cmd = 'tesseract'修改为第②行所示的内容。tesseract_cmd 指向 Tesseract 中的 tesseract.exe 文件。

2.6.5 安装 Pillow 库

Pillow 库是一个图像处理库，可以裁剪图像、新建图像、调整图像的大小和编辑图像等。pytesseract

依赖 Pillow 库处理图像，因此使用 pytesseract 时需要安装 Pillow 库。

可以使用 pip 工具安装 Pillow 库，指令如下：

pip install pillow

其他平台的安装过程类似，这里不再赘述。

2.6.6 安装 OpenCV

OpenCV 是一个处理计算机视觉问题的开源库，支持多种编程语言，例如 C++、Python 和 Java 等；也支持多种平台，例如 Windows、Linux 和 MacOS。

可以使用 pip 工具安装 Python 版本的 OpenCV，指令如下：

pip install opencv-python

其他平台的安装过程类似，这里不再赘述。

2.6.7 验证码识别前的图像预处理

为了准确识别验证码，首先需要对图像进行预处理，包括灰度化、二值化、降噪、切割和归一化等。这里重点介绍灰度化和二值化。

（1）灰度化。在进行图像识别、验证等处理时，经常需要将图像做灰度化处理。图像灰度化指将 3 个颜色通道变为 1 个通道。如图 2-22(a)所示是彩色图像，如图 2-22(b)所示是灰度图像。

（2）二值化。在进行图像识别、验证等处理时，需要将图像灰度化后再进行二值化处理。如图 2-23(a)所示是已灰度化的图像，它虽然只有一个颜色通道，但灰度取值是 0～255 的整数。图像二值化就是将图像上像素点的灰度值重新设置为 0 或 255 两个极端值。因此，需要指定一个阈值 T，将大于或等于 T 的灰度值设置为 0 或 255，将小于 T 的灰度值设置为 255 或 0。将图像二值化处理后，只有黑和白的视觉效果，如图 2-23(b)所示。

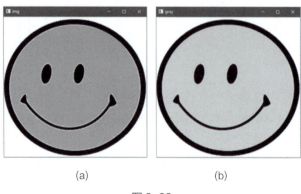

(a)　　　　　　　　　(b)

图 2-22

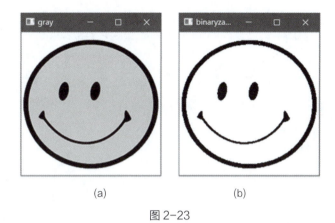

图 2-23

2.6.8 验证码识别过程

对图像做预处理后,我们就可以进行验证码识别了。图像识别涉及特征提取、训练和识别,一般可通过机器学习或深度学习算法进行,但本例中的 Tesseract 引擎可以完成识别的整个过程。

示例代码如下:

```
# coding=utf-8
# 代码文件:chapter2/ch2.6.py
import time

import cv2
import pytesseract as tess
from PIL import Image
from selenium import webdriver

''' 验证码识别函数,参数是要识别的图像路径 '''


def identifycode(imagefilePath):
    # 1. 读取图像的 imread 函数是 OpenCV 提供的
    src_image = cv2.imread(imagefilePath)                              ①
    # 2. 转为灰度化图像
    gray_image = cv2.cvtColor(src_image, cv2.COLOR_BGR2GRAY)           ②
    # 3. 转为二值化图像
    th_image = cv2.adaptiveThreshold(gray_image, 255, cv2.ADAPTIVE_THRESH_MEAN_C,
cv2.THRESH_BINARY, 21, 2)                                              ③

    pil_image = Image.fromarray(th_image)                              ④
    # 转为文本显示
    text = tess.image_to_string(pil_image)                             ⑤
```

```python
    vcode = text.strip().replace(' ', '')   # 删除字符串前后的空白，并替换字符串中的空格

    return vcode


if __name__ == '__main__':
    # 要识别的图像
    fileimg = './captcha_img/test4.png'

    vcode = identifycode(fileimg)
    print(vcode)
```

代码解释如下。

- 第①行通过 OpenCV 的 imread 函数读取图片文件到图像对象 src_image 中，imread 函数的 imagefilePath 参数表示要打开的图片文件名，注意，在文件名及路径中不能有中文！
- 第②行通过 cvtColor 函数将彩色图像 src_image 转为灰度图像对象 gray_image。
- 第③行通过自适应阈值函数 adaptiveThreshold 将灰度图像进行二值化处理。adaptiveThreshold 函数中的第 1 个参数 gray_image 表示传入的灰度化图像；第 2 个参数 255 表示当大于或等于阈值时将灰度值设置为 255；第 3 个参数 CV2.ADAPTIVE_THRESH_MEAN_C 表示计算阈值时所采用的算法是邻域均值算法（即周围邻近像素灰度的平均值）；第 4 个参数 CV2.THRESH_BINARY 表示当灰度值超过阈值时将其设置为 255，否则设置为 0；第 5 个参数 21 表示计算阈值时设置像素邻域的大小，取值是奇数，通常取值 21、23、25 等，我们可以通过设置该参数调整识别图像的准确度；第 6 个参数 2 表示计算阈值时减去的一个常量，该常量是一个偏移值调整量，我们也可以通过设置该参数调整图像识别准确度。
- 第④行将图像对象转化为 Pillow 库的 Image 图像对象。
- 第⑤行中的 image_to_string 函数用于识别图像中的文本。

提示： 适应阈值（AdaptiveThreshold）指根据图片不同区域的亮度分布，计算其局部阈值，所以对于图片的不同区域能够使用不同的阈值。简单地说，采用适应阈值可以增强图像识别的准确度。

2.7 实战训练：电网考试平台的验证码识别

扫码看视频

验证码比较复杂，举个"栗子"吧！

好啊，我前几天为了测试验证码识别，编写了一个 Web 服务程序——电网考试平台，我们就使用这个程序吧。

2.7.1 配置自己的 Web 服务器

基于安全方面的考虑，我们自己搭建 Web 服务器，将该电网考试平台部署在 Web 服务器中。如图 2-24 所示是登录页面。

图 2-24

电网考试平台的 Web 服务是基于 Flask 框架开发的，是一个由 Python 实现的 Web 开发框架。由于 Flask 框架自带一个用于开发的 Web 服务器，因此我们只需安装 Flask 框架，就有一个用于开发和测试的 Web 服务器了。

可以使用 pip 指令安装 Flask，安装指令如下：

pip install Flask

2.7.2 启动 Web 服务器

在 Flask 框架安装好后,我们需要启动并测试 Web 服务器。测试服务器的启动文件在本书配套代码的"测试用 Web 服务器"文件夹下,如图 2-25 所示的 startup.bat 批处理文件就是启动文件,双击该文件启动 Web 服务器,如图 2-26 所示。在 Web 服务器启动后,可以在浏览器的地址栏中输入"http://127.0.0.1:5000/"测试,看看是否可以访问登录页面。

图 2-25

图 2-26

2.7.3 使用 Selenium 模拟登录过程

我们已经搭建服务器了,如何通过程序实现登录呢?

可以使用 Selenium 库。

使用 Selenium 库能模拟用户的登录过程，示例代码如下：

```
# coding=utf-8
# 代码文件：chapter2/ch2.7.py
import time

import cv2
import pytesseract as tess
from PIL import Image
from selenium import webdriver

driver = webdriver.Firefox()
strLoginURL = 'http://127.0.0.1:5000/'


# loginpress 函数用于登录处理
def loginpress():
    # ----处理验证码------------

    # 获取验证码图像的 img 元素控件
    imgelement = driver.find_element_by_id("vcodeimage")

    driver.save_screenshot("tmp/1.png")    # 截取屏幕图像

    location = imgelement.location         # 获取图像坐标
    size = imgelement.size                 # 获取图像大小

    # 设置截取图像区域，指定 4 个参数，即左上角坐标和右下角坐标
    rangle = int(location['x']), int(location['y']), int(location['x'] + size['width']), int(
        location['y'] + size['height'])

    # 打开截取屏幕的图像
    imgcode = Image.open('tmp/1.png')
    # 使用 crop 函数截取图像
    result = imgcode.crop(rangle)
    # 保存截取后的图像
    result.save('tmp/2.png')

    # 调用 identifycode 函数识别验证码
    vcode = identifycode('tmp/2.png')

    print("识别验证码:", vcode)

    # 获取身份证号输入框对象
    element = driver.find_element_by_id("userid")
```

```python
# 清除输入框的内容
element.clear()
# 模拟用户在文本框中输入内容
element.send_keys('123')
element = driver.find_element_by_id("userpwd")
element.clear()
element.send_keys('456')

# 获取验证码输入框对象
element = driver.find_element_by_id("vcode")
# 清除输入框的内容
element.clear()
# 模拟用户单击登录按钮
element.send_keys(vcode)

# 获取登录按钮元素
btnElement = driver.find_element_by_class_name("loginbtn")
# 模拟用户单击登录按钮
btnElement.click()
spanElement = driver.find_element_by_id("message")
msg = spanElement.text
print(msg)
if msg == '验证码输入错误!':
    # 当前线程休眠2秒
    time.sleep(2)
    # 再次请求验证码
    # 调用loginpress函数进行登录处理
    loginpress()
if msg == '登录成功!':
    pass


''' 验证码识别函数,参数是要识别的图像路径 '''
def identifycode(imagefilePath):
    # 1. 读取图像
    src_image = cv2.imread(imagefilePath)
    # 2. 转为灰度化图像
    gray_image = cv2.cvtColor(src_image, cv2.COLOR_BGR2GRAY)
    # 3. 转为二值化图像
    th_image = cv2.adaptiveThreshold(gray_image, 255, cv2.ADAPTIVE_THRESH_MEAN_C, cv2.THRESH_BINARY, 21, 2)

    pil_image = Image.fromarray(th_image)
    # 4. 转为文本显示
```

```
    text = tess.image_to_string(pil_image)

    vcode = text.strip().replace(' ', '')    # 删除字符串的前后空白，并替换字符串中的空格

    return vcode


if __name__ == '__main__':
    # 发送网络请求
    driver.get(strLoginURL)
    # 调用 loginpress 函数进行登录处理
    loginpress()
```

示例编写已完成，是不是可以运行了？

稍等，还有以下两个注意事项。
- 注意事项一：由于程序需要屏幕截图，并且根据截图截取验证码图像，所以为了保证截图准确，需要将自己的显示器缩放比例调整为 100%，如图 2-27 所示。
- 注意事项二：由于示例需要依赖 Web 服务器，因此在测试之前要确保服务器已经启动。另外，Web 服务器使用的是 5000 端口，该端口不能被其他程序占用。

图 2-27

示例程序在运行后会多次尝试识别验证码,如果登录成功,则会进入如图 2-28 所示的页面。

图 2-28

扫码看视频

2.8 提高"虫子"的工作效率

 我要同时爬取大量数据,应该怎么办呢?

可以使用多线程!

多线程技术可以提高爬虫的工作效率。我们可以将一个任务划分为多个子任务,每个线程都负责一个子任务。2.3 节的示例是通过单一线程下载一只股票的历史数据,其实我们可以使用多个线程下载多只股票的历史数据。

使用多线程重写 2.3 节的示例,示例代码如下:

```
# coding=utf-8
# 代码文件:chapter2/ch2.8.py
import os
import threading
import time
```

```python
import urllib.request

fileName = 'data/{0}股票的历史交易数据.csv'


# 用于下载股票数据
def download(code):
    # 准备请求数据的 URL 网址
    url = 'http://quotes.money.163.com/service/chddata.html?code={0}&start={1}&end={2}&fields={3}'

    # 设置请求数据的字段
    fields = 'TCLOSE;HIGH;LOW;TOPEN;LCLOSE;CHG;PCHG;TURNOVER;VOTURNOVER;VATURNOVER;TCAP;MCAP'
    # 传递参数，获取最终的 URL 网址
    strURL = url.format(code, '20010827', '20210323', fields)
    print("请求的 URL：", strURL)

    req = urllib.request.Request(strURL)

    with urllib.request.urlopen(req) as response:
        dataStr = response.read().decode(encoding='gbk', errors='ignore')
        print(dataStr)

        # 如果 data 文件夹不存在，则创建
        if not os.path.exists('data'):
            os.mkdir('data')

        with open(fileName.format(code), 'w+') as f:
            f.write(dataStr)
        print('下载文件成功')
        f.close()


# 线程体函数
def thread_body(code):
    print(code)
    # 当前线程对象
    t = threading.current_thread()
    print('线程{0}执行中...'.format(t.name))
    # 线程休眠
    time.sleep(5)
    download(code)
    print('线程{0}执行结束。'.format(t.name))
```

①

```python
# 主函数
def main():
    # list = [{'0600028': '中国石化'},
    #   {'0601857': '中国石油'},
    #   {'0601939': '建设银行'},
    #   {'0601600': '中国铝业'}]

    list = ['0600028', '0601857', '0601939', '0601600']   # 要下载的股票代码列表

    for item in list:
        # 创建线程对象
        thread = threading.Thread(target=thread_body,                      ②
                                  args=(item,))
        # 启动线程
        thread.start()

if __name__ == '__main__':
    main()
```

代码解释如下。

- 第①行是线程体函数,子线程要完成的任务代码是在此函数中编写的,注意该函数带有一个参数code,表示要下载的股票代码。
- 第②行创建线程对象,其中target参数用于指定线程体函数,即在线程执行时调用的函数。需要注意的是,这个函数名不能带小括号,所以"target=thread_body()"的写法是错误的。另外,在初始化子线程的构造函数中,args参数表示向线程体函数传递数据,传递的数据被放到一个元组中,(item,)是只有一个元素的元组。

第 3 章 洗一洗"脏数据"——数据清洗

通过第 2 章的学习,我们已经可以将数据收集好了。但是,从网上获取的数据大部分是"脏数据",我们无法拿来就用!因此在使用数据之前应该先清洗数据。

3.1 数据清洗那些事儿

扫码看视频

 能给讲讲什么是"脏数据"吗?

当然!

脏数据是不完整、错误或者重复的数据。我们按照一定的规则把脏数据"洗掉",这就是数据清洗。

(1)不完整的数据:主要指缺失的值。如图 3-1②所示,学号缺失。

（2）错误的数据：指不符合常识性规则和业务特定规则的数据、通过统计分析的方法可能识别的错误值或异常值，以及拼写错误的数据。例如人的年龄不能为负数，也不太可能超过 200 岁，如图 3-1⑥所示；又如考试成绩不能为负数，如图 3-1⑦所示；如果成绩是百分制，那么不可能有 300 分，如图 3-1⑧所示；"年级"不能被写成"年纪"，如图 3-1⑨所示。这些示例中的数据都是错误的数据。

（3）重复的数据：指记录重复（行重复，如图 3-1①和③所示）和字段重复（列重复）的数据。例如房屋信息表中的面积、单价和总价，总价就是重复的列，因为总价是可以通过面积和单价计算出来的。又如学生信息表中的生日和年龄，年龄就是重复的列，因为年龄是可以通过生日计算出来的。

（4）格式不一致的数据。为了处理数据，在表示日期、字符串和数字时需要统一数据的表示格式，例如在图 3-1 的生日列中，④和⑤的日期格式与其他日期格式不同。

学号	姓名	生日	年龄	成绩	年级
100122014	张三	31/12/1999 ④	21	85	一年级
① 100232015	李四	1-12-1999 ⑤	⑥ 200	60	三年级
100122012	王五	2019-02-06	24	100	3年级
100342013	董六	2019-02-07	23	⑧ 300	1年级
②	赵八	2019-02-09	23	⑦ -10	7年级
③ 100232015	周五	2020-01-20	27		9年纪 ⑨

图 3-1

3.2 访问 Excel 文件库——xlwings 库

我的数据被放到了 Excel 文件中，如何通过 Python 程序访问这些数据呢？

可以使用 xlwings 库，本节就介绍 xlwings 库的用法。

事实上，Python 中可访问 Excel 的库有很多，常用的有 xlrd/xlwt、openpyxl、xlwings 和 pywin32 库等。其中，xlwings 库简单、强大，可以调用 VBA 中的宏函数，在 VBA 中也可以调用 Python 模块中的函数，并且拥有丰富的接口，能与 pandas、Numpy 和 Matplotlib 库很好地结合，批量处理数据的效率很高。

安装 xlwings 库的 pip 指令如下：

```
pip install    xlwings
```

> **提示：** NumPy（Numerical Python 的缩写）是一个开源的 Python 数据分析和科学计算基础库。NumPy 底层是用 C 语言实现的，因此 NumPy 提供的数据结构（数组）比 Python 内置的数据结构的访问效率更高。另外，NumPy 支持大量高维度数组与矩阵运算，提供了大量的数学函数库。

3.2.1　xlwings 库中对象的层次关系

扫码看视频

在使用 xlwings 库前，首先需要了解 xlwings 库中对象的层次关系。如图 3-2 所示，App 是 Excel 应用程序对象，我们可以通过 App 打开、关闭和保存 Excel 程序文件。一个 App 可以包含多个 Book（工作簿对象），一个 Excel 文件就是一个 Book，一个 Book 可以包含多个 Sheet（工作表对象），一个 Sheet 又可以包含多个 Range（单元格区域对象）。

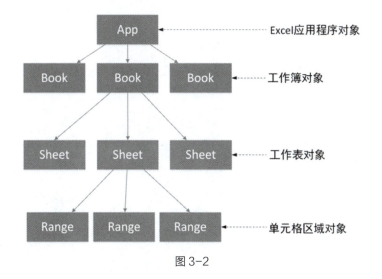

图 3-2

3.2.2　打开 Excel 文件并读取其单元格数据

来个"栗子"吧"！

可以，这里介绍如何使用 xlwings 库打开"学生信息.xlsx"文件并读取其中 B2 单元格的内容，如图 3-3 所示。

扫码看视频

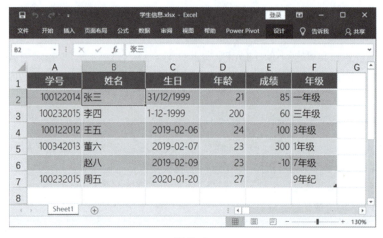

图 3-3

示例代码如下：

```
# coding=utf-8
# 代码文件：chapter3/ch3.2.2.py

import xlwings as xw                              # 导入 xlwings 库，别名为 xw

app = xw.App(visible=False, add_book=False)       # 创建 App 对象                    ①
f = r'data/学生信息.xlsx'

wb = app.books.open(f)                            # 打开 Excel 文件，返回一个工作簿对象

sheet1 = wb.sheets['Sheet1']                      # 通过工作表的名称返回工作表对象    ②
sheet2 = wb.sheets[0]                             # 通过工作表的索引返回工作表对象
sheet3 = wb.sheets.active                         # 返回活动工作表对象                ③

rng = sheet1.range('B2')                          # 返回单元格 B2 对象

print('单元格 B2:', rng.value)                     # 打印单元格 B2 的内容
rng = sheet1.range((2, 2))                        # 返回单元格 B2 对象
print('单元格 B2:', rng.value)

rng = sheet1.range('a1:f1')                       # 返回表头
print('返回表头:', rng.value)

rng = sheet1.range('b1:b7')                       # 返回姓名列
print('姓名列:', rng.value)

rng = sheet1.range('a1:f7')                       # 返回二维表
```

```
L = rng.value                              # 返回二维数组
print(L)

wb.close()                                 # 关闭工作簿对象
app.quit()                                 # 退出 Excel 应用程序

print('Game Over')
```

代码解释如下。

- 第①行创建 App 对象，该对象以不可见方式运行，在 App 构造函数中，visible 参数用于设置 App 是否以可见方式运行，在以不可见方式运行时，我们看不到启动了 Excel，Excel 是在后台运行的。add_book 参数用于创建新的工作簿。
- 第②行通过工作表的名称返回工作表对象，我们还可以通过工作表的索引返回工作表对象。由于只有一个工作表，所以 sheet1 和 sheet2 实际上是同一个工作表。
- 第③行通过 sheets 的 active 属性返回处于活动状态的工作表。另外，books 有 active 属性，即返回处于活动状态的工作簿对象。由于只有一个工作表，所以 sheet1、sheet2 和 sheet3 都是一个工作表对象。

示例运行后，在控制台输出如下结果：

单元格 B2: 张三
单元格 B2: 张三
返回表头: ['学号', '姓名', '生日', '年龄', '成绩', '年级']
姓名列: ['姓名', '张三', '李四', '王五', '小六', '赵八', '周五']
[['学号', '姓名', '生日', '年龄', '成绩', '年级'], [100122014.0, '张三', '31/12/1999', 21.0, 85.0, '一年级'], [100232015.0, '李四', '1-12-1999', 200.0, 60.0, '三年级'], [100122012.0, '王五', datetime.datetime(2019, 2, 6, 0, 0), 24.0, 100.0, '3 年级'], [100342013.0, '小六', datetime.datetime(2019, 2, 7, 0, 0), 23.0, 300.0, '1 年级'], [None, '赵八', datetime.datetime(2019, 2, 9, 0, 0), 23.0, -10.0, '7 年级'], [100982015.0, '周五', datetime.datetime(2020, 1, 20, 0, 0), 27.0, None, '9 年纪']]
Game Over

3.2.3 如何获取表格区域

在上一节的示例中，学生信息表区域是通过 a1:f7 指定的，很显然，这是以硬编码（"写死"）方式指定区域的。对于一个未知的表格范围，我们又该如何通过程序动态地获取表格区域呢？

有两种方式，下面进行讲解。

扫码看视频

示例代码如下：

```python
# coding=utf-8
# 代码文件：chapter3/ch3.2.3.py

import xlwings as xw

app = xw.App(visible=False, add_book=False)
f = r'data/学生信息.xlsx'
wb = app.books.open(f)

sheet1 = wb.sheets['Sheet1']                    # 通过工作表的名称返回工作表对象

# 方法 1：通过单元格获取所在的区域

rng = sheet1.range('A1').current_region         ①
L1 = rng.value
# 打印二维列表 L1
print(" 打印二维列表 L1------------")
for x in L1:
    print(x)

# 方法 2：从单元格扩展至表格区域
rng = sheet1.range('A1').options(expand='table')        ②
# rng = sheet1.range('A1').options(expand='down')    # 向下扩展
# rng = sheet1.range('A1').options(expand='right')   # 向右扩展

L2 = rng.value                                  # 获取区域的内容，返回值是一个二维列表

print(" 打印二维列表 L2------------")

# 打印二维列表 L2
for x in L2:
    print(x)

wb.close()
app.quit()

print('Game Over')
```

示例运行后，在控制台输出结果如下：

```
打印二维列表 L1------------
['学号', '姓名', '生日', '年龄', '成绩', '年级']
[100122014.0, '张三', '31/12/1999', 21.0, 85.0, '一年级']
[100232015.0, '李四', '1-12-1999', 200.0, 60.0, '三年级']
```

```
[100122012.0, '王五', datetime.datetime(2019, 2, 6, 0, 0), 24.0, 100.0, '3 年级']
[100342013.0, '小六', datetime.datetime(2019, 2, 7, 0, 0), 23.0, 300.0, '1 年级']
[None, '赵八', datetime.datetime(2019, 2, 9, 0, 0), 23.0, -10.0, '7 年级']
[100982015.0, '周五', datetime.datetime(2020, 1, 20, 0, 0), 27.0, None, '9 年纪']
    打印二维列表 L2------------
['学号', '姓名', '生日', '年龄', '成绩', '年级']
[100122014.0, '张三', '31/12/1999', 21.0, 85.0, '一年级']
[100232015.0, '李四', '1-12-1999', 200.0, 60.0, '三年级']
[100122012.0, '王五', datetime.datetime(2019, 2, 6, 0, 0), 24.0, 100.0, '3 年级']
[100342013.0, '小六', datetime.datetime(2019, 2, 7, 0, 0), 23.0, 300.0, '1 年级']
Game Over
```

代码解释如下。

- 第①行获取 A1 单元格所在表格的区域，current_region 属性代表当前区域。
- 第②行扩展 A1 单元格，options(expand='table')用于对 A1 单元格进行向下和向右扩展。expand 参数的取值有'down'、'down'和'table'，'table'是默认值。

> **提示**：Excel 中的扩展操作可以帮助我们选择连续的单元格区域，该操作会以当前选中的单元格为左上角向下或向右扩展选中区域。如图 3-4 所示，按下组合键 Ctrl+↓，则向下扩展；按下组合键 Ctrl+→，则向右扩展。注意，扩展操作选择的是连续的区域，如果遇到空格或空白单元格，则停止选择。比较 L1 和 L2 的输出结果，可见 L2 只有 5 行数据，并且没有空值（None）数据。

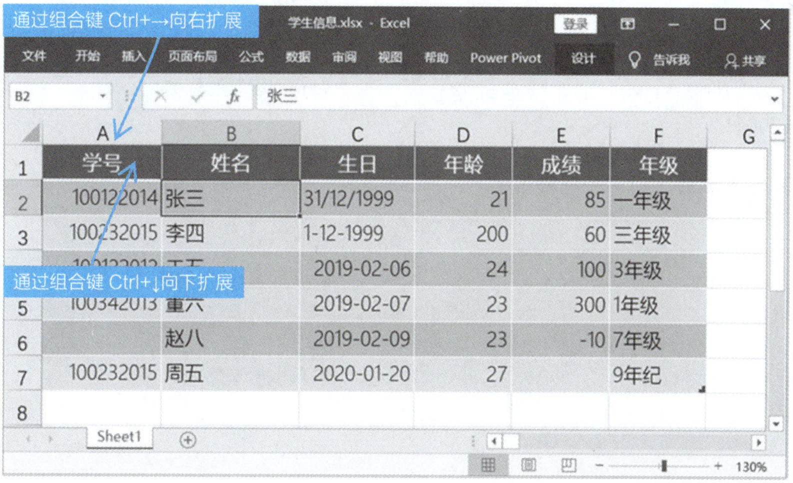

图 3-4

3.2.4 获取表格行数和列数

如何获取一个单元格区域的行数和列数呢？

Range 区域对象有 columns 和 rows 属性，可用于获取区域的列数和行数。

示例代码如下：

```python
# coding=utf-8
# 代码文件：chapter3/ch3.2.4.py

import xlwings as xw

app = xw.App(visible=False, add_book=False)
f = r'data/学生信息.xlsx'
wb = app.books.open(f)

sheet1 = wb.sheets['Sheet1']

print('--------方法 1 选择区域--------')
rng1 = sheet1.range('A1').current_region
rows = rng1.rows.count                          # 获取区域的行数
print('行数', rows)

columns = rng1.columns.count                    # 获取区域的列数
print('列数', columns)

print('--------方法 2 选择区域--------')
rng2 = sheet1.range("a1").expand()

rows = rng2.rows.count                          # 获取区域的行数
print('行数', rows)

columns = rng2.columns.count                    # 获取区域的列数
print('列数', columns)

wb.close()
app.quit()

print('Game Over')
```

示例运行后，在控制台输出结果如下：

```
--------方法 1 选择区域--------
行数 7
列数 6
--------方法 2 选择区域--------
行数 5
列数 6
Game Over
```

3.2.5 转置表格

在 Excel 中很容易将一个表格转置（行变为列、列变为行），用 xlwings 库如何实现表格转置呢？

下面通过一个示例来讲解。

扫码看视频

示例代码如下：

```python
# coding=utf-8
# 代码文件：chapter3/ch3.2.5.py

import xlwings as xw

app = xw.App(visible=False, add_book=False)
f = r'data/学生信息.xlsx'
wb = app.books.open(f)

sheet1 = wb.sheets['Sheet1']

rng1 = sheet1.range('A1').current_region

rng2 = rng1.options(transpose=True)         # 转置表格区域            ①

L = rng2.value                              # 返回二维数组
print(" 打印二维数组 L--------------")
for x in L:
    print(x)

wb.close()
app.quit()

print('Game Over')
```

示例运行后,在控制台输出结果如下:

打印二维数组 L------------
['学号', 100122014.0, 100232015.0, 100122012.0, 100342013.0, None, 100982015.0]
['姓名', '张三', '李四', '王五', '小六', '赵八', '周五']
['生日', '31/12/1999', '1-12-1999', datetime.datetime(2019, 2, 6, 0, 0), datetime.datetime(2019, 2, 7, 0, 0), datetime.datetime(2019, 2, 9, 0, 0), datetime.datetime(2020, 1, 20, 0, 0)]
['年龄', 21.0, 200.0, 24.0, 23.0, 23.0, 27.0]
['成绩', 85.0, 60.0, 100.0, 300.0, -10.0, None]
['年级', '一年级', '三年级', '3 年级', '1 年级', '7 年级', '9 年纪']
Game Over

代码解释如下。

- 第①行通过 options 函数实现表格区域转置,options 函数用于设置单元格,"transpose=True" 表示转置表格区域。

3.2.6 单元格默认的数据类型

在上一小节的示例运行结果中,我发现几个小问题:①张三的学号是 100122014,但被读取之后变成了 100122014.0;②并不是所有表示日期的单元格都是 datetime 类型;③空单元格被转化为了 None。

我们可以在读取单元格时通过 option 函数设置单元格默认的数据类型。

示例代码如下:

```
# coding=utf-8
# 代码文件:chapter3/ch3.2.6.py
from datetime import date

import xlwings as xw

app = xw.App(visible=False, add_book=False)
f = r'data/学生信息.xlsx'

wb = app.books.open(f)

sheet1 = wb.sheets['Sheet1']

# 获取 a1:f7 区域
rng1 = sheet1.range('a1:f7')

# 为 range 对象设置参数
```

```
rng2 = rng1.options(numbers=int, dates=datetime.date, empty='NA')    ①

L = rng2.value
print(" 打印二维数组 L-------------")
for x in L:
    print(x)

wb.close()
app.quit()

print('Game Over')
```

示例运行后，在控制台输出结果如下：

打印二维数组 L-------------
['学号', '姓名', '生日', '年龄', '成绩', '年级']
[100122014, '张三', '31/12/1999', 21, 85, '一年级']
[100232015, '李四', '1-12-1999', 200, 60, '三年级']
[100122012, '王五', datetime.date(2019, 2, 6), 24, 100, '3 年级']
[100342013, '小六', datetime.date(2019, 2, 7), 23, 300, '1 年级']
['NA', '赵八', datetime.date(2019, 2, 9), 23, -10, '7 年级']
[100982015, '周五', datetime.date(2020, 1, 20), 27, 'NA', '9 年纪']
Game Over

代码解释如下。

- 第①行为 range 对象设置参数，"numbers=int"用于设置将 Excel 中的数字转换为 Python 中的 int 类型；"dates=datetime.date"用于设置将 Excel 中的日期转换为 Python 中的 datetime.date 类型；"empty='NA'"用于指定将空值表示为"NA"，将 Excel 中的空单元格标记为"NA"，也可以将其标记为"NaN"，"NaN"在数据分析中表示空值。

3.2.7 写入单元格数据

刚刚介绍了读取单元格的示例，那么，如何将数据写入单元格呢？

单个数据可被写入单元格，如图 3-5①所示；一维列表数据可被写入行或列，如图 3-5②和③所示；二维列表数据可被写入一个区域，如图 3-6 所示。

扫码看视频

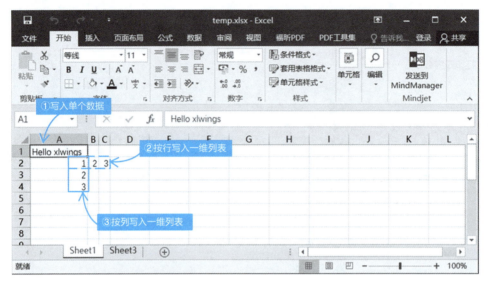

图 3-5

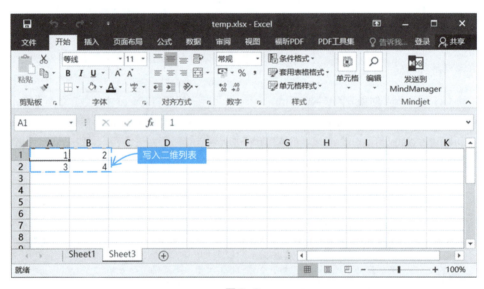

图 3-6

示例代码如下:

```
# coding=utf-8
# 代码文件：chapter3/ch3.2.7.py

import xlwings as xw
```

```
app = xw.App(visible=False, add_book=True)                          ①

wb = xw.Book()

sheet = wb.sheets.active

sheet.range('a1').value = 'Hello xlwings'  # A1 单元格设置字符串

# 写入一维列表
sheet.range("a2:c2").value = [1, 2, 3]      # 为 a2:c2 区域赋值      ②

wb.sheets['Sheet1'].autofit('rows')         # 设置行高自动缩放，'rows'可被简写为'r'
wb.sheets['Sheet1'].autofit('c')            # 设置列宽自动缩放，这里将 columns'简写为'c'

sheet.range("a2:a4").options(transpose=True).value = [1, 2, 3]      ③

# 添加工作表
sheet3 = wb.sheets.add(name='Sheet3', after='Sheet1')               ④

# 写入二维列表
sheet3.range('A1').value = [[1, 2], [3, 4]]

f = r'data/temp.xlsx'
# 保存文件
wb.save(path=f)                                                     ⑤

wb.close()
app.quit()

print('Game Over')
```

代码解释如下。

- 第①行创建 Excel 应用程序对象，构造函数中的 add_book 参数被设置为 True，表明可添加工作簿。
- 第②行为 a2:c2 区域赋值，从图 3-4 可知，a2:c2 是横向摆放的连续的三个单元格，因此在赋值时需要一个一维列表。
- 第③行为 a2:a4 区域赋值。在默认情况下，单元格是横向摆放的。如果要纵向摆放，则可以在 options 函数中使用"transpose=True"进行设置。
- 第④行通过工作簿对象的 add 函数添加工作表，name 表示工作表的名称，"after='Sheet1'"用于在 Sheet1 工作表之后添加工作表。类似的参数还有 before，表示在指定的工作表之前添加工作表。
- 第⑤行通过 save 函数保存文件，path 指定保存的文件路径。

3.2.8 设置单元格样式

我想将图 3-7 中值为空的单元格设置成白色背景，将表格中的文字设置为粗体，将成绩列设置为保留两位小数，将生日列设置为 yyyy-mm-dd 格式，即四位年、两位月、两位日，并用横线（-）连接，该怎么做呢？实现的效果应该如图 3-8 所示。

下面通过一个示例进行讲解。

学号	姓名	生日	年龄	成绩	年级
100122014	张三	31/12/1999	21	85	一年级
100232015	李四	1-12-1999	200	60	三年级
100122012	王五	2019-02-06	24	100	3年级
100342013	小六	2019-02-07	23	300	1年级
	赵八	2019-02-09	23	-10	7年级
100982015	周五	2020-01-20	27		9年纪

图 3-7

学号	姓名	生日	年龄	成绩	年级
100122014	张三	31/12/1999	21	85.00	一年级
100232015	李四	1-12-1999	200	60.00	三年级
100122012	王五	2019-02-06	24	100.00	3年级
100342013	小六	2019-02-07	23	300.00	1年级
	赵八	2019-02-09	23	-10.00	7年级
100982015	周五	2020-01-20	27		9年纪

图 3-8

示例代码如下：

```python
# coding=utf-8
# 代码文件：chapter3/ch3.2.8.py
from datetime import date

import xlwings as xw

app = xw.App(visible=False, add_book=False)
f = r'data/学生信息.xlsx'
wb = app.books.open(f)

sheet1 = wb.sheets['Sheet1']           # 通过工作表的名称返回工作表对象
```

```
rng = sheet1.range('A1').current_region

END_ROW_NO = rng.last_cell.row + 1          # 结束行号

END_COL_NO = rng.last_cell.column + 1       # 结束列号
# 按行遍历
for row in range(2, END_ROW_NO):                                          ①
    # 按列遍历
    for col in range(1, END_COL_NO):                                      ②

        cell = sheet1.range((row, col))     # 获取单元格对象
        # 如果是生日列,则设置日期格式为"yyyy-mm-dd"
        if col == 3:
            cell.number_format = 'yyyy-mm-dd'                             ③

        cell.font.size = 10                 # 设置字体的大小
        cell.font.bold = True               # 设置字体为粗体
        # 如果是成绩列,则设置数字格式
        if col == 5:
            cell.number_format = '0.00'                                   ④

        # 取出单元格数据
        data = cell.options(numbers=int, dates=date).value

        # 判断单元格是否为空值
        if data is None:
            cell.color = (255, 255, 255)        # 设置单元格区域的背景为白色    ⑤
# 将修改后的文件另存为"学生信息2.xlsx"文件
f = r'data/学生信息2.xlsx'
wb.save(path=f)

wb.close()
app.quit()

print('Game Over')
```

代码解释如下。

- 第①和②行是两个嵌套的 for 循环语句,用于遍历表格中的单元格。注意,开始的行号是 2,因为第 1 行是表头;开始的列号是 1,而不是 0。
- 第③行设置单元格区域的日期格式,如果在单元格中是日期,则按照四位年、两位月和两位日的

格式显示。
- 第④行设置单元格区域的数字格式，如果在单元格中是数字，则以保留两位小数的格式显示。
- 第⑤行设置单元格区域的背景为白色，(255, 255, 255)以三元组的形式表示白色。

3.2.9　这样遍历单元格太麻烦了

扫码看视频

采用双层循环遍历每一个单元格太麻烦了，有简便的办法吗？

有，还记得在 3.2.3 节怎么用 for 循环遍历二维列表吗？如果我们不关心单元格区域的行号和列号，则可以使用 3.2.3 节示例中的 for 循环遍历单元格区域。

重新编写设置单元格样式的示例代码如下：

```
# coding=utf-8
# 代码文件：chapter3/ch3.2.9.py
from datetime import date

import xlwings as xw

# 设置程序以不可见方式运行
app = xw.App(visible=False, add_book=False)
f = r'data/学生信息.xlsx'
wb = app.books.open(f)

sheet1 = wb.sheets['Sheet1']
rng = sheet1.range('A1').current_region

# 遍历单元格
for cell in rng:

    if cell.address.startswith('$C'):   # 判断是否是第 C 列      ①
        cell.number_format = 'yyyy-mm-dd'

    cell.font.size = 10
    cell.font.bold = True
    # 如果是成绩列，则将其设置为数字格式
    if cell.address.startswith('$E'):   # 判断是否是第 E 列      ②
        cell.number_format = '0.00'

    # 取出单元格数据
    data = cell.options(numbers=int, dates=date).value
    # 判断单元格是否为空值
    if data is None:
```

```
            cell.color = (255, 255, 0)     # 设置为黄色

# 保存修改后的文件,将其另存为"学生信息 2.xlsx"文件
f = r'data/学生信息 2.xlsx'
wb.save(path=f)
wb.close()
app.quit()

print('Game Over')
```

代码解释如下。

- 第①行 address 是单元格的地址属性。返回的单元格地址类似于"C1"字符串,表示 C1 单元格,即第 C 列第 1 行。另外,address.startswith('$C')用于判断字符串是否以"$C"字符开头,从而实现判断单元格是否为第 C 列。
- 第②行判断是否为第 E 列。

3.2.10 删除列

 在学生信息表中,年龄列(第 D 列)和生日列中的生日是重复的,如何删除生日列呢?

我们可以通过单元格区域 Range 的 delete 函数删除生日列。

扫码看视频

删除生日列的示例代码如下:

```
# coding=utf-8
# 代码文件:chapter3/ch3.2.10.py

import xlwings as xw

app = xw.App(visible=False, add_book=False)
f = r'data/学生信息.xlsx'
wb = app.books.open(f)

xw.Range('d2:d7').delete()      # 删除第 D 列            ①

f = r'data/学生信息 2.xlsx'
wb.save(path=f)

wb.close()
app.quit()

print('Game Over')
```

代码解释如下。

- 第①行通过 delete 函数删除第 D 列，delete 函数用于删除单元格区域，由于选择的区域是 d2:d7，所以删除的就是第 D 列。删除第 D 列后，下一列会前移，如图 3-9 所示。

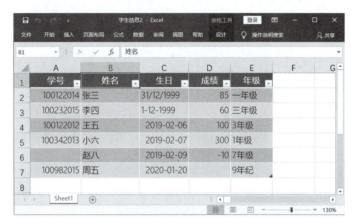

图 3-9

3.2.11 删除行

单元格区域 Range 的 delete 函数可用于删除行吗？

可以。

如图 3-3 所示，在学生信息表中，第 3 行的学号和第 7 行的学号重复，我们知道，不可能有两个学生的学号相同，这里的处理方式是删除第 7 行的学生数据，即删除第 7 行数据。

删除第 7 行数据的示例代码如下：

```
# coding=utf-8
# 代码文件：chapter3/ch3.2.11.py

import xlwings as xw

app = xw.App(visible=False, add_book=False)
f = r'data/学生信息.xlsx'
wb = app.books.open(f)

xw.Range('A7:F7').delete()         # 删除第 7 行        ①
```

其中，代码第①行通过 delete 函数删除第 7 行数据，下一行会上移，如图 3-10 所示。

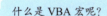

图 3-10

3.2.12 调用 VBA 宏批量删除重复的数据

上一节介绍了如何删除行和列，那么如何批量删除重复的数据呢？

这比较麻烦，要先找出重复的数据，然后删除数据，还要考虑性能问题。我们可以在 Excel 中编写 VBA 宏，通过 Python 调用 VBA 宏批量删除重复的数据。

扫码看视频

什么是 VBA 宏呢？

VBA（Visual Basic for Applications）是基于 Visual Basic 的一种宏语言，主要用于扩展 Microsoft Office 软件的功能，下面通过一个"栗子"熟悉一下。

我们知道，在一个班级中，学生的学号是不能重复的，所以在设计数据库时，学号字段被设计为主键。但是我们收集的学生信息如图 3-11 所示，其中学号字段有很多重复的，我们需要删除这些学号重复的学生信息。即在学号列（第 2 列）中查找重复的数据，然后删除行数据。

图 3-11

删除重复数据的示例代码如下：

```
# coding=utf-8
# 代码文件：chapter3/ch3.2.12.py

import xlwings as xw

app = xw.App(visible=False, add_book=False)
f = r'data/学生信息 -带有宏.xlsm'

wb = app.books.open(f)                                                  ①

sheet1 = wb.sheets[0]

rng1 = sheet1.range('A1').current_region

run_macro = app.macro('MyModule1.Duplicates_Rows')   # 获取 VBA 宏对象   ②
run_macro(rng1, 1)                                                      ③

f = r'data/学生信息 -删除重复数据后.xlsm'

wb.save(path=f)
wb.close()
app.quit()

print('Game Over')
```

代码解释如下。

- 第①行打开学生信息表文件，该文件是 xlsm 类型，是带宏的 Excel 文件。
- 第②行获取 VBA 宏对象 macro，它是 xlwings 库提供的对象。创建 macro 对象的构造函数 macro('MyModule1.Duplicates_Rows')，其中的字符串参数指定了 VBA 模块和该模块中的函数（Function）或子过程（Sub），MyModule1 是 VBA 中的模块名，Duplicates_Rows 是删除重复数据的子过程。
- 第③行中的 run_macro(rng1, 1)通过 macro 对象调用 VBA 中的宏，rng1 和 1 是宏中子过程所接收的参数。

提示：在 VBA 语言中，子过程（Sub）一般没有返回值，而函数（Function）有返回值。

删除重复数据的 VBA 模块的示例代码如下：

```
' MyModule1.bas
' 删除重复的行数据
' rng 参数表示要删除数据的区域
' col_no 参数表示查找重复的数据列

Sub Duplicates_Rows(rng, col_no)                         ①

'
'

With ActionSheet

'RemoveDuplicates 是 Excel 提供的删除重复数据的函数

    rng.RemoveDuplicates Columns:=Array(col_no)          ②

End With


End Sub
```

代码解释如下。

- 第①行是在 MyModule1.bas 模块文件中定义子过程，其中有两个参数。
- 第②行是在子过程中通过 VBA 提供的 RemoveDuplicates 函数删除重复的数据。

扫码看视频

3.2.13　找出格式不统一的数据

如图 3-12 所示，在学生信息表中，单元格 C2 和 C3 的日期格式不符合我们的要求，如果数据有很多，那么该如何找出这些不符合要求的数据呢？

这就要具体情况具体分析了，就本例而言，日期格式不符合要求，可以使用正则表达式进行判断。

图 3-12

示例代码如下：

```
# coding=utf-8
# 代码文件：chapter3/ch3.2.13.py
from datetime import date

import xlwings as xw
import re

# 声明一个判断日期的正则表达式，例如：2004-04-30 | 2004-02-29
pattern =
r'^[0-9]{4}-(((0[13578]|(10|12))-(0[1-9]|[1-2][0-9]|3[0-1]))|(02-(0[1-9]|[1-2][0-9]))|((0[469]|11)-(0[1-9]|[1-2][0-9]|30)))$'        ①

app = xw.App(visible=False, add_book=False)
f = r'data/学生信息.xlsx'
wb = app.books.open(f)

sheet1 = wb.sheets['Sheet1']
```

```
rng = sheet1.range('A1').current_region

# 遍历单元格
for cell in rng:

    # 取出单元格数据
    data = cell.options(numbers=int, dates=date).value
    if cell.address.startswith('$C'):  # 判断是否为第 C 列

        m = re.search(pattern, str(data))          ②
```

代码解释如下。

- 第①行声明一个判断日期的正则表达式字符串，该正则表达式匹配的日期格式为 yyyy-mm-dd。
- 第②行使用正则表达式的 search 函数判断单元格数据是否符合要求，str(data)函数用于将单元格数据转换为字符串。

3.3 填充缺失的值

扫码看视频

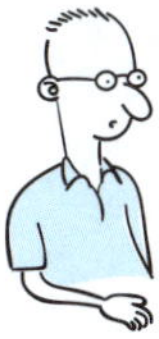

在如图 3-13 所示的全国人口数据中，2010 年和 2015 年有缺失的数据，我们应该如何填充缺失的值呢？

填充缺失的值有几种方式：①固定值填充；②平均值填充；③中位数填充；④邻近值填充，即采用上一条数据或下一条数据填充，以及 KNN 临近值算法填充；⑤预测值填充，即采用机器学习等算法预测值填充。下面讲解固定值填充和平均值填充的方法。

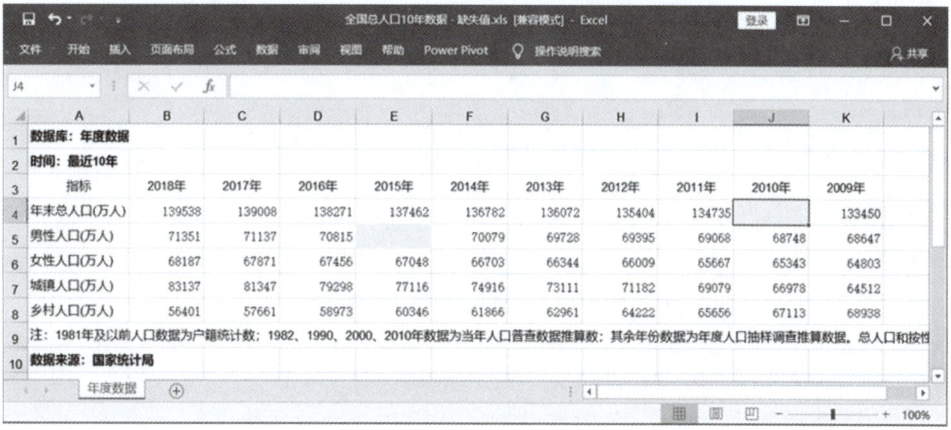

	A	B	C	D	E	F	G	H	I	J	K
1	数据库：年度数据										
2	时间：最近10年										
3	指标	2018年	2017年	2016年	2015年	2014年	2013年	2012年	2011年	2010年	2009年
4	年末总人口(万人)	139538	139008	138271	137462	136782	136072	135404	134735		133450
5	男性人口(万人)	71351	71137	70815		70079	69728	69395	69068	68748	68647
6	女性人口(万人)	68187	67871	67456	67048	66703	66344	66009	65667	65343	64803
7	城镇人口(万人)	83137	81347	79298	77116	74916	73111	71182	69079	66978	64512
8	乡村人口(万人)	56401	57661	58973	60346	61866	62961	64222	65656	67113	68938
9	注：1981年及以前人口数据为户籍统计数；1982、1990、2000、2010年数据为当年人口普查数据推算数；其余年份数据为年度人口抽样调查推算数据。总人口和按性										
10	数据来源：国家统计局										

图 3-13

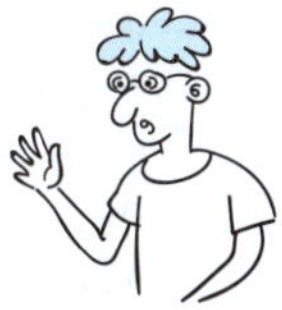

3.3.1 固定值填充

进行固定值填充时，是否可以通过遍历单元格逐个判断并填充呢？

当然可以，但这是最笨的办法！我们可以在加载单元格区域时设置参数。

将缺失的值填充为 0 的示例代码如下：

```
# coding=utf-8
# 代码文件：chapter3/ch3.3.1.py
from datetime import date

import xlwings as xw
import re

# 设置程序以不可见方式运行
app = xw.App(visible=False, add_book=False)
f = r'data/全国总人口 10 年数据 – 缺失的值.xls'
wb = app.books.open(f)

sheet1 = wb.sheets[0]

# 获取单元格区域，将单元格为空值的填充为 0
rng = sheet1.range('B4:K8').options(numbers=int, empty=0)          ①

# 替换单元格区域中所有单元格的内容
rng.value = rng.value

f = r'data/全国总人口 10 年数据 – 缺失的值 2.xls'
wb.save(path=f)

wb.close()
app.quit()

print('Game Over')
```

代码解释如下。

- 第①行获取单元格区域，通过 options 函数设置单元格区域的参数，"empty=0" 用于设置缺失值的单元格为 0。通过这种方式为缺失的值指定固定的填充值。

3.3.2 平均值填充

进行平均值填充时，如何计算平均值呢？自己遍历单元格计算吗？

我们可以调用 Excel 的内置函数计算平均值，然后填充缺失的值。

使用平均值填充缺失的值的示例代码如下：

```
# coding=utf-8
# 代码文件：chapter3/ch3.3.2.py

import xlwings as xw

app = xw.App(visible=False, add_book=False)
f = r'data/全国总人口 10 年数据 - 缺失的值.xls'
wb = app.books.open(f)

sheet1 = wb.sheets[0]

# 获取单元格区域，将单元格为空值的填充为 NA
rng = sheet1.range('B4:K8').options(numbers=int, empty='NA')        ①

# 计算单元格区域的平均值
value = wb.app.api.WorksheetFunction.Average(rng.value)             ②
print('平均值：', value)

# 获取单元格区域，使用平均值填充缺失的值
rng = sheet1.range('B4:K8').options(numbers=int, empty=value)

# 替换单元格区域中所有单元格的内容
rng.value = rng.value

f = r'data/全国总人口 10 年数据 - 缺失的值 2.xls'

wb.save(path=f)

wb.close()
app.quit()

print('Game Over')
```

代码解释如下。

- 第①行获取单元格区域，注意 empty='NA'参数用于将空值的单元格设置为字符串 NA，这样在进

行统计计算时，NA 内容不会被计算。
- 第②行计算单元格区域的平均值，wb.app.api 用于调用底层 API，WorksheetFunction 是一种底层 API 对象，代表工作表中的函数；Average 用于调用底层 API 的平均值函数，该函数是区分大小写的；rng.value 用于获取单元格区域的数值，它是一个二维列表。

> **提示**：调用底层 API 指使用 win32com 模块操作和访问 Windows 系统的底层 API，通过这些底层 API 可以访问 Word、Excel 和 PPT 等 Office 组件。注意，调用底层 API 只能在 Windows 环境下进行，还需要安装 Office 或 WPS 等工具。

第 4 章 把"宝贝"收好了——数据存储

从网上收集的没有经过清洗的数据是原始数据（Raw Data）。由于数据清洗本身可能破坏原始数据，因此建议在清洗数据前先将数据存储起来，以备需要时查询原始数据。

之前收集的数据有 CSV、Excel 等格式，这些格式有什么区别吗？

这些都是电子表格形式的，都可用于存储数据，区别如下。

（1）CSV 是文本文件，可以使用记事本等文本工具打开；Excel 是二进制文件，不能使用记事本等文本工具打开，需要使用专用软件打开。

（2）CSV 是文本文件，访问速度快；访问 Excel 时，需要加载 Office 引擎，内存占用大、访问速度慢。

（3）CSV 是专门为数据存储和数据交换设计的，是文本文件数据项目（字段），本身不包括任何样式；Excel 文件不仅包含数据，还包含数据的样式，例如字体大小、背景颜色等。

扫码看视频

4.1 读取 CSV 文件

怎么读取 CSV 文件呢？

CSV 文件是文本文件，我们可以直接使用 Python 提供的文件对象读取数据，但需要考虑分隔数据项目。这里推荐使用 Python 提供的 csv 模块读取 CSV 文件。

csv 模块提供的 reader 函数定义如下：

csv.reader(csvfile, dialect='excel')

reader 函数用于返回一个读取器 reader 对象。csvfile 参数表示 CSV 文件对象；dialect 参数表示方言，方言提供了一组预定义好的格式化参数。方言主要有以下几种。

- csv.excel：为默认的方言，以逗号分隔字段，也可以直接使用'excel'。
- excel_tab：以制表符分隔字段，也可以直接使用'excel-tab'。
- csv.unix_dialect：生成 CSV 文件时，在 UNIX 上将'\n'作为行终止符，在 Windows 上将'\r\n'作为行终止符，也可以直接使用'unix'。

使用 csv.reader 函数读取 "0601857 股票的历史交易数据.csv" 文件，示例代码如下：

```
# coding=utf-8
# 代码文件：chapter4/ch4.1.py

import csv

f = 'data/0601857 股票的历史交易数据.csv'

with open(f, 'r', encoding='gbk') as csvfile:          ①
    reader = csv.reader(csvfile, dialect=csv.excel)    ②
    for row in reader:          # row 是列表对象
        if row:                  # 判断是否非空
            print(row[0], row[6])
```

示例运行后，在控制台输出结果如下：

日期 开盘价
2021-03-23 4.35
2021-03-22 4.31
2021-03-19 4.32
...

代码解释如下。

- 第①行通过 open 函数打开 CSV 文件,指定编码集 GBK。
- 第②行通过 csv.reader 函数返回读取器 reader 对象,方言参数是 csv.excel,这也是该参数的默认值。读取器对象是一个可迭代对象,可以使用 for 循环遍历。

4.2 将爬取的数据保存为 CSV 文件

扫码看视频

怎么将数据写入 CSV 文件呢?

CSV 文件是文本文件,我们可以直接使用 Python 提供的文件对象写入数据,但这里推荐使用 Python 提供的 csv 模块的 writer 函数将数据写入 CSV 文件。

csv 模块的 writer 函数定义如下:

csv.writer(csvfile, dialect='excel')

该函数用于返回一个写入器 writer 对象,其参数同 csv.reader()函数。writer 对象可以将一个列表写入 CSV 文件的一行。但是,如果想将一个字典写入 CSV 文件,则需要使用如下函数:

csv.DictWriter(f, fieldnames,dialect='excel')

其中,fieldnames 参数是 CSV 文件的字段名列表,其字段名要与写入的字典键对应。

在 2.5.2 节爬取搜狐的股票数据后,并没有保存数据,只是将数据打印到控制台。在本示例中可以将数据保存为 CSV 文件,示例代码如下:

```
# coding=utf-8
# 代码文件:chapter4/ch4.2.py
import csv

<省略爬虫代码>
...


f = r'data/贵州茅台股票的历史交易数据.csv'

# 设置 CSV 电子表格的表头
fieldnames = ['Date', 'Open', 'Close', 'High', 'Low', 'Volume']

# 打开 CSV 文件,指定编码集 GBK
with open(f, 'w', newline='', encoding='gbk') as wf:
    # 获取 writer 对象
```

```
writer = csv.DictWriter(wf, fieldnames=fieldnames)   ①
# 写入电子表格的表头
writer.writeheader()

# 遍历 datas 列表对象
for dictrow in datas:
    # 通过 writer 对象的 writerow 函数逐行写入数据到 CSV 文件
    writer.writerow(dictrow)   ②
```

示例运行后，在 data 文件夹下生成"贵州茅台股票的历史交易数据.csv"文件。

代码解释如下。

- 第①行通过 csv.DictWriter 函数获取 writer 对象，该对象可以将一个字典对象写入 CSV 文件的某行中。DictWriter 函数的 fieldnames 参数用于设置 CSV 电子表格的表头，注意，它与要写入字典的键是一样的。
- 第②行通过 writer 对象的 writerow 函数逐行写入数据到 CSV 文件，writerow 函数的参数是一个字典对象。

扫码看视频

4.3　SQLite 数据库

如果数据量较少，那么我们可以将数据保存到 Excel 或 CSV 文件中，但数据量较大时该怎么办呢？

数据量较大时，可以将数据保存到数据库中。下面介绍 SQLite 数据库，它比较简单，适合初学者学习。

SQLite 与 Oracle 或 MySQL 等网络数据库有什么区别？

SQLite 是为嵌入式设备（如智能手机等）设计的数据库。SQLite 在运行时与使用它的应用程序共用相同的进程空间。而 Oracle 或 MySQL 程序在运行时，与使用它们的应用程序在两个不同的进程中。

SQLite 是采用 C 语言编写而成的开源数据库，具有可移植性强、可靠性高、小而易用等特点，提供了对 SQL-92 标准的支持，支持多表、索引、事务、视图和触发，目前的主流版本是 SQLite 3。

SQLite 是无数据类型的数据库，在创建表时不需要为字段指定数据类型。但从编程规范上讲，我们应该指定数据类型，因为数据类型可以表明这个字段的含义，便于我们阅读和理解代码。

SQLite 支持的常见数据类型如下。

- INTEGER：有符号的整数类型。

- REAL：浮点类型。
- TEXT：字符串类型，采用 UTF-8 和 UTF-16 字符编码。
- BLOB：二进制的大对象类型，能够存放任何二进制数据。

4.4 使用 GUI 管理工具管理 SQLite 数据库

扫码看视频

SQLite 数据库是否自带 GUI（图形界面）管理工具？

SQLite 数据库本身自带一个基于命令提示符的管理工具，使用起来很困难。如果使用 GUI 管理工具，则需要使用第 3 方 GUI 工具。第 3 方 GUI 管理工具有很多，例如 Sqliteadmin Administrator、DB Browser for SQLite、SQLiteStudio 等。DB Browser for SQLite 对中文支持很好，所以这里推荐使用该工具。

（1）安装和启动 DB Browser for SQLite。从本书配套代码中找到 DB.Browser.for.SQLite-3.11.2-win32.zip 安装包文件，解压该文件到一个目录下，在解压目录下找到 DB Browser for SQLite.exe 文件，双击该文件即可启动 DB Browser for SQLite 工具，如图 4-1 所示。

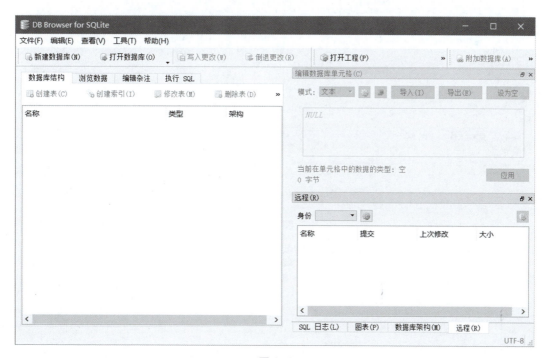

图 4-1

（2）创建 SQLite 数据库。一个 SQLite 数据库对应一个 SQLite 文件，为了测试 DB Browser for SQLite 工具，我们要先创建 SQLite 数据库。在图 4-1 所示的界面单击工具栏中的"新建数据库(N)"按钮，或者通过菜单"文件(F)"→"新建数据库"，弹出保存文件对话框，输入数据库的名称，在选择保存的路径后单击"保存"按钮就可以创建数据库了。

（3）创建数据表。在一个 SQLite 数据库中可以包含多个数据表。我们可以在 DB Browser for SQLite 工具中通过图形界面创建数据表，也可以通过 SQL 语句创建数据表，如图 4-2 所示。

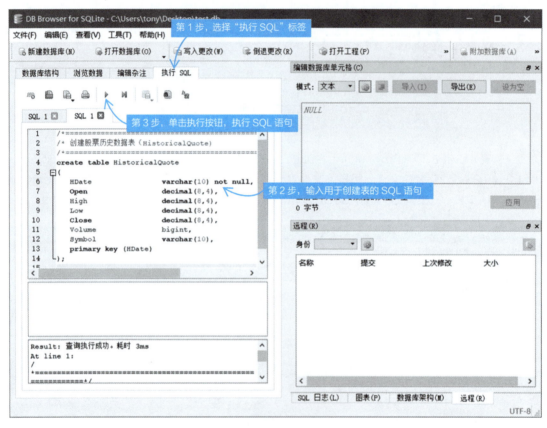

图 4-2

（4）浏览数据。DB Browser for SQLite 常被用于浏览数据，如图 4-3 所示。

第 4 章 把"宝贝"收好了——数据存储

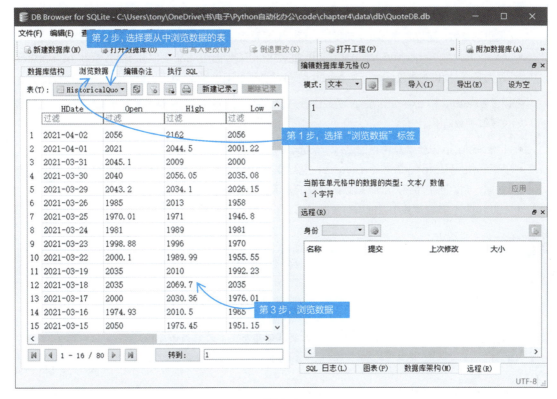

图 4-3

4.5 sqlite3 模块 API

扫码看视频

Python 官方提供了 sqlite3 模块来访问 SQLite 数据库。

（1）数据库访问的第 1 步是进行数据库连接。我们可以通过 connect(database)函数建立数据库连接，database 参数表示 SQLite 数据库的文件路径，如果连接成功，则返回数据库连接对象 Connection。Connection 对象有如下重要的函数。

- close()：关闭数据库连接，在关闭后使用数据库连接将引发异常。
- commit()：提交数据库事务。
- rollback()：回滚数据库事务。
- cursor()：获取 Cursor 游标对象。

（2）一个 Cursor 游标对象代表一个数据库游标，游标暂时保存了 SQL 操作所影响到的数据。游标是通过数据库连接创建的。游标 Cursor 对象有很多函数和属性，其中的基本 SQL 操作函数如下。

- execute(sql[, parameters])：执行一条 SQL 语句，sql 是 SQL 语句；parameters 是为 SQL 提供的参数，可以是序列或字典类型。返回值是整数，表示执行 SQL 语句影响的行数。
- executemany(sql[, seq_of_params])：批量执行 SQL 语句，sql 是 SQL 语句，seq_of_params 是为 SQL 提供的参数，seq_of_params 是序列。返回值是整数，表示执行 SQL 语句影响的行数。

在通过 execute 和 executemany 函数执行 SQL 语句后，还要通过提取函数从查询结果集中返回数据，相关提取函数如下。

- fetchone()：从结果集中返回只有一条记录的序列，如果没有数据，则返回 None。
- fetchmany(size=cursor.arraysize)：从结果集中返回小于或等于 size 记录数的序列，如果没有数据，则返回空序列，size 在默认情况下表示整个游标的行数。
- fetchall()：从结果集中返回所有数据。

4.6 将爬取的数据保存到 SQLite 数据库

扫码看视频

操作数据库有点复杂，举个"栗子"吧！

好，下面将 2.5.2 节爬取的搜狐证券网股票的数据保存到 SQLite 数据库中。

首先设计股票的历史数据表（HistoricalQuote），结构如表 4-1 所示，其中，交易日期（HDate）是主键。

表 4-1

字 段 名	数据类型	长 度	精 度	主 键	外 键	备 注
HDate	varchar(10)		-	是	否	交易日期
Open	decimal(8,4)	8	4	否	否	开盘价
High	decimal(8,4)	8	4	否	否	最高价
Low	decimal(8,4)	8	4	否	否	最低价
Close	decimal(8,4)	8	4	否	否	收盘价
Volume	bigint		-	否	否	成交量
Symbol	varchar(10)	10	-	否	是	股票代号

在数据库设计完成后需要编写数据库的 DDL（Data Definition Language，数据库定义语言，包括 Create、Alter、Drop 等语句）脚本。当然，也可以通过一些工具生成 DDL 脚本，把这个脚本放在数据库中执行即可。编写 DDL 脚本文件 crebas.sql 如下：

```
/*==============================================================*/
/*  创建股票的历史数据表（HistoricalQuote）                      */
```

```sql
/*==============================================================*/
create table HistoricalQuote
(
    HDate                  varchar(10) not null,
    Open                   decimal(8,4),
    High                   decimal(8,4),
    Low                    decimal(8,4),
    Close                  decimal(8,4),
    Volume                 bigint,
    Symbol                 varchar(10),
    primary key (HDate)
);
```

首先参考 4.4 节创建数据库文件 QuoteDB.db，然后创建数据表 HistoricalQuote。

编写访问数据库的 Python 代码：

```python
# coding=utf-8
# 代码文件：chapter4/ch4.6.py
import csv
import sqlite3

<省略爬虫代码>
...

dbf = r'data\db\QuoteDB.db'
try:
    con = sqlite3.connect(dbf)          # 1. 建立数据库连接
    cursor = con.cursor()                # 2. 创建游标对象

    # 插入数据的 SQL 语句
    sql = r'''insert into
              HistoricalQuote (HDate,Open,High,Low,Close,Volume,Symbol)
              values (?,?,?,?,?,?,?)'''                            ①

    for dictrow in datas:               # 3. 循环插入数据

        # 获取所有要插入的数据
        paramlist = list(dictrow.values())                         ②
        # 添加股票代号
        paramlist.append('600519')                                 ③

        cursor.execute(sql, paramlist)                             ④

    con.commit()                        # 4. 提交数据库事务
    print('插入数据成功。')
```

```
except sqlite3.Error as e:
    print('数据查询发生错误：{}'.format(e))

    con.rollback()                    # 5. 回滚数据库事务
finally:
    if cursor:
        cursor.close()                # 6. 关闭游标

    if con:
        con.close()                   # 7. 关闭数据连接
```

代码解释如下。

- 第①行声明插入数据的 SQL 语句。其中的问号 "?" 是占位符，在 SQL 语句执行时使用实际参数替换。
- 第②行 dictrow.values() 表达式用于从字典对象 dictrow 中取出值视图数据，然后通过 list 函数将所有数值都转换为列表对象，这是因为替换占位符的实际参数是被放到一个列表中的。
- 第③行在列表对象 paramlist 后追加股票代号 600519，这是因为从字典中取出的数据没有包含股票代号。
- 第④行通过游标对象的 execute 函数执行 SQL 语句，其中的 sql 参数是要执行的 SQL 语句，paramlist 参数是要传递给占位符的参数列表。

提示： 数据库事务通常包含对数据库的多个读/写操作，如果事务被提交给数据库管理系统，则数据库管理系统需要确保该事务中的所有操作都成功完成，结果被永久保存在数据库中。如果在事务中有操作没有成功完成，则事务中的所有操作都需要回滚，恢复事务执行前的状态。同时，该事务对数据库或者其他事务的执行无影响，所有事务看起来都在独立运行。

4.7 在数据库中查询数据

扫码看视频

对数据库中的数据可以进行的操作有几种？

有 4 种：数据插入（Create）、数据查询（Read）、数据更新（Update）和数据删除（Delete），即增、删、改、查，称之为 CRUD。数据的插入、删除和更新操作，程序类似，这里不再赘述。下面讲解查询操作的示例。

示例代码如下：

```
# coding=utf-8
# 代码文件：chapter4/ch4.7.py
```

```
import sqlite3

dbf = r'data\db\QuoteDB.db'
try:
    con = sqlite3.connect(dbf)           # 1. 建立数据库连接
    cursor = con.cursor()                # 2. 创建游标对象

    # 按股票代码查询的 SQL 语句
    sql = r'''SELECT HDate,Open,High,Low,Close,Volume,Symbol
    FROM    HistoricalQuote
    WHERE Symbol=?'''
    # 股票代号参数
    paramlist = [600519]
    cursor.execute(sql, paramlist)       # 3. 执行 SQL 语句
                                         # 4. 提取结果集
    resultset = cursor.fetchall()

    for row in resultset:                                          ①
        tempstr = '{},{},{},{},{},{},{}'.format(row[0], row[1], row[2], row[3], row[4], row[5], row[6])
        # 打印字段内容
        print(tempstr)

except sqlite3.Error as e:
    print('数据查询发生错误：{}'.format(e))
finally:
    if cursor:
        cursor.close()                   # 5. 关闭游标
    if con:
        con.close()                      # 6. 关闭数据连接
```

示例运行后，在控制台输出结果如下：

2021-04-02,2056,2162,2056,2165,52028,600519

2021-04-01,2021,2044.5,2001.22,2046.8,26588,600519

...

2020-12-04,1752,1793.11,1752,1800.1,62491,600519

代码解释如下。

- 第①行执行查询 SQL 语句，由于数据是按照股票代码进行查询的，所以在 SQL 字符串中有一个占位符，在执行查询时提供股票代码。

第 5 章 找出隐藏在数据中的"黄金屋"——数据分析

在数据中隐藏着大量的信息,我们在工作过程中往往需要分析这些数据,并找出其中的信息,帮助我们决策。本章讲解数据分析方面的内容。

5.1 数据分析那些事儿

能否系统介绍数据分析的方法?

当然能。

统计的方法分为描述性统计和推论性统计。

(1)描述性统计:对数据进行归纳,以了解数据的整体概况。常用的描述性统计方法有过滤、分组、聚合、连接、合并等。聚合还包括计算平均数、标准偏差、中位数等。

（2）推论性统计：根据数据样本推断数据的整体概况，并对结果进行预测。常用的推论性统计方法通过机器学习来归纳数据，从而找到一般规律。

5.2 使用 Excel 进行数据分析

Excel 本身提供了强大的数据分析能力，我们如何通过 Python 代码调用 Excel 实现数据分析呢？

我们可以通过 xlwings 库调用 Excel 底层的 API 实现数据分析。

5.2.1 老板让我找出北京周边的房价信息

我之前做了爬虫程序，从网上爬取了北京二手房房价数据，如图 5-1 所示，有 3 千多条数据。老板今天让我找出其中北京周边地区的房价数据，应该怎么做呢？

可以使用 Excel 的自动筛选功能，通过底层 API 调用该功能实现对数据集的过滤。底层 API 提供的函数是 AutoFilter。

扫码看视频

图 5-1

过滤北京周边地区房价数据的示例代码如下：

```
# coding=utf-8
# 代码文件：chapter5/ch5.2.1.py
```

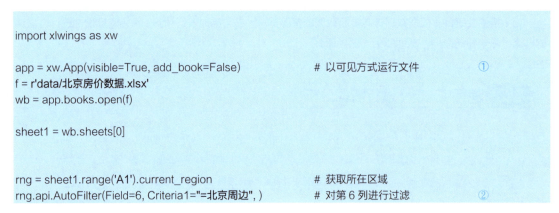

```
import xlwings as xw

app = xw.App(visible=True, add_book=False)       # 以可见方式运行文件        ①
f = r'data/北京房价数据.xlsx'
wb = app.books.open(f)

sheet1 = wb.sheets[0]


rng = sheet1.range('A1').current_region           # 获取所在区域
rng.api.AutoFilter(Field=6, Criteria1="=北京周边", )  # 对第 6 列进行过滤        ②
```

代码解释如下。

- 第①行以可见方式运行文件，需要设置 visible=True。以可见方式运行可以让我们直接看到过滤后的效果，但是有些慢。
- 第②行把第 6 列（即"城区"）作为过滤字段。rng.api.AutoFilter 函数用于调用底层 API 函数，其中，Field 参数用于设置过滤字段（列），Criteria1 参数用于设置过滤条件，注意过滤条件"=北京周边"是被包裹在字符串中的。

注意：不要通过程序关闭和退出应用，在程序运行时，我们可以看到过滤后的效果，如图 5-2 所示。如果需要关闭 Excel 文件，则自己动手关闭就可以了。

图 5-2

5.2.2 找出北京周边房屋面积大于 120m² 的小区

老板让我增加更多的过滤条件,比如增加房屋面积大于 120m² 的小区的过滤条件。

好,我们重新编写 5.2.1 节的示例。

扫码看视频

示例代码如下:

```
# coding=utf-8
# 代码文件:chapter5/ch5.2.2.py

import xlwings as xw

app = xw.App(visible=True, add_book=False)          # 以可见方式运行文件
f = r'data/北京房价数据.xlsx'

wb = app.books.open(f)
sheet1 = wb.sheets[0]

rng = sheet1.range('A1').current_region
# 对第 6 列进行过滤处理
rng.api.AutoFilter(Field=6, Criteria1="=北京周边")    # 增加过滤条件            ①
rng.api.AutoFilter(Field=3, Criteria1=">120")         # 增加过滤条件            ②
```

代码解释如下。

- 第①行把第 6 列(即"城区")作为过滤字段。
- 第②行把第 3 列(即"面积")作为过滤字段,过滤条件是大于 120。

示例运行结果如图 5-3 所示。

图 5-3

5.2.3　找出东城区和西城区房屋面积大于 120m² 的小区

示例代码如下：

```python
# coding=utf-8
# 代码文件：chapter5/ch5.2.3.py

import xlwings as xw

app = xw.App(visible=True, add_book=False)       # 以可见方式运行文件
f = r'data/北京房价数据.xlsx'

wb = app.books.open(f)
sheet1 = wb.sheets[0]

rng = sheet1.range('A1').current_region

rng.api.AutoFilter(Field := 6,                   # 对第 6 列进行过滤        ①
                   Criteria1="=东城",                                      ②
                   Operator=2,                    # 2 是 VBA 常量 xlOr     ③
                   Criteria2="=西城", )                                    ④

rng.api.AutoFilter(Field=3, Criteria1=">120")
```

代码解释如下。

- 第①行把第 6 列（即"城区"）作为过滤字段。
- 第②行 Criteria1 = "=东城"用于设置第 1 个过滤条件。第④行 Criteria2 = "=西城"用于设置第 2 个过滤条件。如果有第 3 个过滤条件，则参数名是 Criteria3。
- 第③行设置条件运算符，对两个条件使用条件运算符，例如：将或运算符（Or）和与运算符（And）连接起来。"Operator = 2"是或运算符，"Operator = 1"是与运算符。

提示： 在第③行中，常量 2 表示或运算符，事实上，它是在 VBA 常量中定义的常量 xlOr，但是我们不能直接在 Python 程序中访问 VBA 中的常量，所以直接使用 2。

示例运行结果如图 5-4 所示。

第 5 章　找出隐藏在数据中的"黄金屋"——数据分析

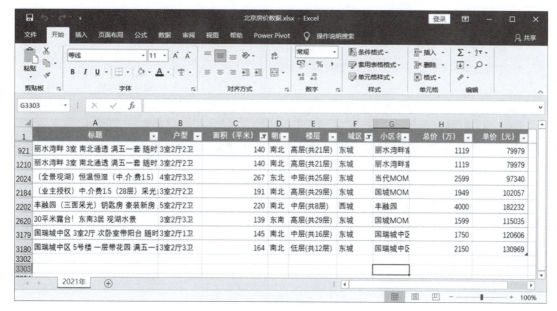

图 5-4

5.2.4　找出有北京最高房价的小区

可以使用 Excel 中的最大值函数 Max 找出最大值，然后进行过滤。示例代码如下：

扫码看视频

```
# coding=utf-8
# 代码文件：chapter5/ch5.2.4.py

import xlwings as xw

app = xw.App(visible=True, add_book=False)
f = r'data/北京房价数据.xlsx'
wb = app.books.open(f)

sheet1 = wb.sheets[0]

pricerng = sheet1.range('I2').options(expand='down')      # 选择单价列                    ①
value = wb.app.api.WorksheetFunction.Max(pricerng.value)  # 计算单价列的最大值              ②
print('最大值：', value)

rng = sheet1.range('A1').current_region

rng.api.AutoFilter(Field := 9,                            # 对第 9 列进行过滤
                   Criteria1 := value, )
```

代码解释如下。

- 第①行选择单价列，expand='down'参数用于向下扩展单元格 I2，这样会选择整个单价列数据。
- 第②行调用 Excel 中的 Max 函数计算最大值。

示例运行结果如图 5-5 所示。

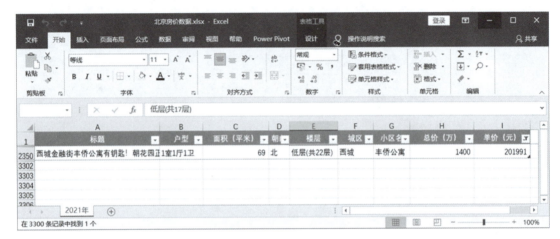

图 5-5

5.3 让"熊猫"帮我们分析数据——使用 pandas 库

pandas 库是一个开源的 Python 数据分析库，被广泛应用于学术和商业领域，包括金融、经济学、统计学、广告、网络分析等，可以完成数据处理和分析中的 5 个典型步骤：数据加载、数据准备、数据操作、数据建模和数据分析。

pandas 库的数据结构基于 NumPy 数组，而 NumPy 底层是用 C 语言实现的，因此访问速度更快。pandas 库提供了快速、高效的 Series 和 DataFrame 数据结构。

可以使用 pip 指令安装 pandas 库：

pip install pandas

其他平台的安装过程类似，这里不再赘述。

5.3.1 Series 数据结构

扫码看视频

Series 数据结构是一种带标签的一维数组对象，能够保存任何数据类型。如图 5-6 所示，一个 Series 对象由数据和数据索引（即标签）两部分组成。

	apples
0	3
1	2
2	0
3	1

数据索引　　数据

图 5-6

创建 Series 对象的构造函数的语法格式如下：

pandas.Series(data, index, dtype, ...)

其中，data 参数表示 Series 的数据部分，可以是列表、NumPy 数组、标量值（常数）、字典；index 参数表示 Series 标签（即数据索引）部分，与数据的长度相同，为默认从 0 开始的整数数列；dtype 参数用于表示数据类型，如果没有，则推断数据类型。

示例代码如下：

```
# coding=utf-8
# 代码文件：chapter3/ch5.3.1.py

import pandas as pd

a = pd.Series([3, 2, 0, 1])                           # 创建 Series 对象       ①
print('数组 a：')
print(a)

b = pd.Series([3, 2, 0, 1], index=['a', 'b', 'c', 'd'])   # 创建 Series 对象   ②
print('数组 b：')
print(b)

print('通过标签下标访问：')
print(b['c'])                                          # 通过标签下标访问 Series 对象 b
print('通过标签切片访问：')
print(b['a':'c'])                                      # 通过标签切片访问 Series 对象 b
```

示例运行后，在控制台输出结果如下：

数组 a：
0   3
1   2
2   0
3   1
dtype: int64
数组 b：

```
a    3
b    2
c    0
d    1
dtype: int64
通过标签下标访问：
0
通过标签切片访问：
a    3
b    2
c    0
dtype: int64
```

代码解释如下。

- 第①行创建 Series 对象，标签（即数据索引）部分是默认的整数。
- 第②行通过指定标签（即数据索引）来创建 Series 对象，索引为['a','b','c','d']。

5.3.2 DataFrame 数据结构

扫码看视频

DataFrame 数据结构是由多个 Series 对象构成的二维表格对象。如图 5-7 所示，每个列都可以是不同的数据类型，行和列是带标签的轴，而且行和列都是可变的。

图 5-7

DataFrame 构造函数的语法格式如下：

`pandas.DataFrame( data, index, columns, dtype, ...)`

其中，data 参数表示 DataFrame 的数据部分，可以是列表、NumPy 数组、字典、Series 对象和其他 DataFrame 对象；index 参数表示行索引（即行标签），为默认从 0 开始的整数数列；columns 参数表示列索引（即列标签），为默认从 0 开始的整数数列；dtype 参数表示数据类型，如果没有，则推断数据类型。

使用 DataFrame 对象的示例代码如下：

```
# coding=utf-8
# 代码文件：chapter5/ch5.3.2.py

import pandas as pd

# 定义嵌套列表对象 L
L = [[3, 0, 1],
     [2, 1, 2],
     [0, 2, 1],
     [1, 3, 0]]

# 通过列表对象 L 创建 DataFrame 对象
df1 = pd.DataFrame(L)                                         ①
print('df1：')
print(df1)
# 通过指定列标签来创建 DataFrame 对象
df2 = pd.DataFrame(L, columns=['apples', 'oranges', 'bananas'])  ②
print('df2：')
print(df2)
# 通过指定行标签和列标签来创建 DataFrame 对象
df3 = pd.DataFrame(L, columns=['apples', 'oranges', 'bananas'],
                   index=['June', 'Robert', 'Lily', 'David'])    ③
print('df3：')
print(df3)

print('使用单个列标签访问：')
print(df3['apples'])                    # 使用单个标签访问 DataFrame 中的元素
print('使用多个列标签访问：')
print(df3[['apples', 'bananas']])       # 使用多个列标签访问 DataFrame 中的元素
```

代码解释如下。

- 第①行通过列表对象 L 创建 DataFrame 对象 df1，内容如图 5-8 所示。

```
    0  1  2
0   3  0  1
1   2  1  2
2   0  2  1
3   1  3  0
```

图 5-8

- 第②行通过指定列标签来创建 DataFrame 对象 df2，内容如图 5-9 所示。

	apples	oranges	bananas
0	3	0	1
1	2	1	2
2	0	2	1
3	1	3	0

图 5-9

- 第③行通过指定行标签和列标签来创建 DataFrame 对象 df3，内容如图 5-10 所示。

	apples	oranges	bananas
June	3	0	1
Robert	2	1	2
Lily	0	2	1
David	1	3	0

图 5-10

5.4 使用 pandas 库读取 Excel 文件

pandas 库提供了 pandas.read_excel 函数，可用于直接读取 Excel 文件到 DataFrame 数据结构中。该函数的语法格式如下：

`pandas.read_excel(io, sheet_name=0, header=0, index_col=None, skiprows=None, skipfooter=0)`

主要的参数如下。

- io：表示输入 Excel 文件，可以是字符串、文件对象、ExcelFile 对象，也可以是本地文件，还可以是 URL 网址。
- sheet_name：表示 Excel 文件的工作表的名称，可以是字符串、整数（基于 0 的工作表位置索引）、列表（选择多个工作表）。
- header：表示 DataFrame 对象的列标签的行号，默认是 0（第 1 行）；如果将其设置为 None，则没有指定列标签。
- index_col：表示 DataFrame 对象的行标签的列号，默认是 None。
- skiprows：表示跳过头部行数，默认是 None。
- skipfooter：表示跳过尾部行数，默认是 0。

> **提示**：pandas 库读取 Excel 文件依赖于 xlrd 库和 openpyxl 库。请先使用 pip 指令安装这两个库，安装指令如下：
>
> pip install xlrd
>
> pip install openpyxl

5.4.1 举个"栗子"：从 Excel 文件中读取全国总人口数据

pandas.read_excel 函数比较复杂，有很多参数，下面通过示例熟悉该函数的用法。我们之前从国家统计局网站下载了"全国总人口 10 年数据.xls"文件，如图 5-11 所示，下面从该文件中读取数据。

扫码看视频

示例代码如下：

```
# coding=utf-8
# 代码文件：chapter5/ch5.4.1.py

import pandas as pd

f = r'data/全国总人口 10 年数据.xls'

df = pd.read_excel(f)     # 读取数据到 DataFrame 对象        ①

print(df)
print('Game Over')
```

图 5-11

代码解释如下。

- 第①行通过 df = pd.read_excel(f)语句读取数据到 DataFrame 数据结构中。从代码可见，该函数没别的参数，df 的内容如图 5-12 所示。

	数据库: 年度数据	Unnamed: 1	Unnamed: 2	Unnamed: 3	Unnamed: 4	Unnamed: 5	Unnamed: 6	Unnamed: 7	Unnamed: 8	Unnamed: 9	Unnamed: 10
0	时间: 最近10年	NaN	NaN	NaN	NaN	NaN	NaN	NaN	NaN	NaN	NaN
1	指标	2018年	2017年	2016年	2015年	2014年	2013年	2012年	2011年	2010年	2009年
2	年末总人口(万人)	139538	139008	138271	137462	136782	136072	135404	134735	134091	133450
3	男性人口(万人)	71351	71137	70815	70414	70079	69728	69395	69068	68748	68647
4	女性人口(万人)	68187	67871	67456	67048	66703	66344	66009	65667	65343	64803
5	城镇人口(万人)	83137	81347	79298	77116	74916	73111	71182	69079	66978	64512
6	乡村人口(万人)	56401	57661	58973	60346	61866	62961	64222	65656	67113	68938
7	注: 1981年及以前人口数据为户籍统计数据; 1982、1990、2000、2010年数据为当年……	NaN	NaN	NaN	NaN	NaN	NaN	NaN	NaN	NaN	NaN
8	数据来源: 国家统计局	NaN	NaN	NaN	NaN	NaN	NaN	NaN	NaN	NaN	NaN

图 5-12

5.4.2 跳过头部行和尾部行

扫码看视频

在 5.4.1 节的示例中读取的数据有很多空值，而且列标签都是 Unnamed，这是什么原因呢？

原因很简单，我们所需的数据只是中间那一部分，需要跳过一些头部行和尾部行，如图 5-13 所示。可以使用 read_excel 函数的 skiprows 和 skipfooter 参数实现跳过头部行和尾部行。

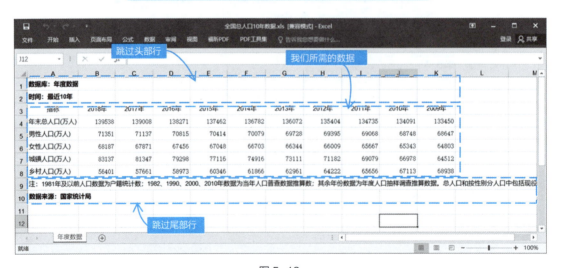

图 5-13

修改 5.4.1 节的示例代码如下：

```
# coding=utf-8
# 代码文件：chapter5/ch5.4.2.py

import pandas as pd

f = r'data/全国总人口 10 年数据.xls'

df = pd.read_excel(f, skiprows=2, skipfooter=2)           ①

print(df)
print('Game Over')
```

代码解释如下。

- 第①行的 read_excel 函数使用了 skiprows 和 skipfooter 参数，"skiprows=2"表示跳过头部两行，"skipfooter=2"表示跳过尾部 2 行。df 的内容如图 5-14 所示。

	指标	2018年	2017年	2016年	2015年	2014年	2013年	2012年	2011年	2010年	2009年
0	年末总人口(万人)	139538	139008	138271	137462	136782	136072	135404	134735	134091	133450
1	男性人口(万人)	71351	71137	70815	70414	70079	69728	69395	69068	68748	68647
2	女性人口(万人)	68187	67871	67456	67048	66703	66344	66009	65667	65343	64803
3	城镇人口(万人)	83137	81347	79298	77116	74916	73111	71182	69079	66978	64512
4	乡村人口(万人)	56401	57661	58973	60346	61866	62961	64222	65656	67113	68938

图 5-14

5.4.3 当"熊猫"遇到 CSV 文件

 我们是否可以直接通过 pandas 库访问 CSV 文件呢？

可以，pandas.read_csv 函数可用于读取 CSV 文件并返回 DataFrame 对象。

扫码看视频

pandas.read_csv 函数的定义如下：

pandas.read_csv(filepath_or_buffer, sep=', ', delimiter=None, header='infer', index_col=None, engine=None, skiprows=None, skipfooter=0)

主要的参数如下。

- filepath_or_buffer：输入 CSV 文件，可以是字符串、文件对象，也可以是本地文件，或者是 URL 网址。
- sep 或 delimiter：用于分隔每行字段的字符或正则表达式。

- header：用作 DataFrame 的列标签的行号，默认是'infer'（即自动推断）。
- index_col：用作 DataFrame 的行标签的列号，默认是 None。
- skiprows：忽略文件的头部行数，默认是 None。
- skipfooter：忽略文件的尾部行数，默认是 0。
- engine：解析引擎，取值有 c 和 python，默认是 c。c 不支持 skipfooter 参数。

示例代码如下：

```
# coding=utf-8
# 代码文件：chapter5/ch5.4.3.py

import pandas as pd

csvfile = r'data\0601857 股票的历史交易数据.csv'
df = pd.read_csv(csvfile, sep=',', encoding='gbk', header=None)   ①

print(df)
print('Game Over')
```

代码解释如下。

- 第①行中的 read_csv 函数读取"0601857 股票的历史交易数据.csv"文件到 DataFrame 对象中，encoding='gbk'参数指定字符集为 GBK 编码。读取 DataFrame 对象的内容，如图 5-15 所示。

	0	日期	股票代码	名称	收盘价	最高价	最低价	开盘价	前收盘	涨跌额	涨跌幅	换手率	成交量	成交金额	总市值	流通市值
	1	2021-03-23	'601857	中国石油	4.32	4.35	4.31	4.35	4.36	-0.04	-0.9174	0.0394	63729753	275666312.0	7.90650624174e+11	6.99503376174e+11
	2	2021-03-22	'601857	中国石油	4.36	4.36	4.3	4.31	4.32	0.04	0.9259	0.0464	75187588	325738439.0	7.97971463286e+11	7.05980259286e+11
	3	2021-03-19	'601857	中国石油	4.32	4.36	4.3	4.32	4.41	-0.09	-2.0408	0.0902	146109801	632201307.0	7.90650624174e+11	6.99503376174e+11
	4	2021-03-18	'601857	中国石油	4.41	4.44	4.41	4.43	4.44	-0.03	-0.6757	0.0479	77613380	343180296.0	8.07122512177e+11	7.14076363177e+11
	...	...	...	...	...	...	...	...	...	...	...	...	...	...	...	...
	3252	2007-11-09	'601857	中国石油	38.18	38.39	36.66	37.85	38.19	-0.01	-0.0262	4.7742	143226603	5379485005.0	6.98774093309e+12	1.1454e+11
	3253	2007-11-08	'601857	中国石油	38.19	39.75	38.0	39.2	40.43	-2.24	-5.5404	4.6684	140050961	5447044938.0	6.98957114287e+12	1.1457e+11
	3254	2007-11-07	'601857	中国石油	40.43	40.73	38.28	39.7	39.99	0.44	1.1003	7.2206	216618870	8575266758.0	7.39953813318e+12	1.2129e+11
	3255	2007-11-06	'601857	中国石油	39.99	42.4	39.8	41.4	43.96	-3.97	-9.0309	11.4326	342977820	14000246724.0	7.31900890294e+12	1.1997e+11
	3256	2007-11-05	'601857	N石油	43.96	48.62	41.7	48.6	16.7	27.26	163.2335	51.5833	1547499487	69991387080.0	8.04560218488e+12	1.3188e+11

图 5-15

5.4.4 当"熊猫"遇到 SQLite

扫码看视频

 我们是否可以直接通过 pandas 库访问数据库呢？

可以，如果读取数据库表，则可以使用 pandas.read_sql_query 函数。

pandas.read_sql_query 函数可用于读取数据库表的数据到一个 DataFrame 对象中，pandas.read_sql_query 函数的定义如下：

read_sql_query(sql, engine, index_col=None, params=None, parse_dates=None)

主要的参数如下。

- sql：SQL 语句，为字符串类型。
- engine：引擎对象。
- index_col：指定行标签的列名，默认是 None，可以是字符串或字符串列表类型。
- params：为 SQL 语句准备的参数，可以是列表、元组或字典类型。
- parse_dates：解析为日期的列名，可以是字符串或字符串列表类型。

 什么是数据库引擎呢？

数据库引擎用于访问不同的数据库，它封装了数据库连接对象。

用 pandas 库访问数据库是通过 SQLAlchemy（ORM 对象关系型映射技术）库实现的，因此，我们需要安装 SQLAlchemy 库。安装 SQLAlchemy 库的 pip 指令如下：

pip install SQLAlchemy

示例代码如下：

```
# coding=utf-8
# 代码文件：chapter5/ch5.4.4.py
import pandas as pd
from sqlalchemy import create_engine                                    ①

# 创建 SQLAlchemy 数据库引擎对象
engine = create_engine('sqlite:///data/db/QuoteDB.db')                  ②
# 无参数查询
df = pd.read_sql_query('SELECT * FROM HistoricalQuote', engine, parse_dates=['HDate'])  ③

print(df)
```

```
# 股票代号参数
paramlist = [600519]
# 有条件查询
df2 = pd.read_sql_query('SELECT * FROM HistoricalQuote    where Symbol = ?', engine,    ④
                        parse_dates=['HDate'],
                        params=paramlist)

print(df2)                                                                              ⑤
print('Game Over')
```

代码解释如下。

- 第①行从 SQLAlchemy 库中导入 create_engine 函数，该函数可以用于创建数据库引擎对象。
- 第②行使用 create_engine 函数创建数据库引擎对象，该函数的参数是一个字符串，即"sqlite:///data/db/QuoteDB.db"，"sqlite:///"用于说明使用的是 SQLite 数据库，"data/db/QuoteDB.db"用于指定数据库的文件路径。
- 第③行使用 read_sql_query 函数查询数据库，从 SQL 语句来看，查询没有任何参数条件，"parse_dates=['HDate']"用于指定解析为日期的列名为 HDate，即交易日期。
- 第④行通过 read_sql_query 函数实现有条件查询。有条件查询需要使用 params 参数传递条件数据，这些条件数据被放在一个列表中。read_sql_query 函数会返回 DataFrame 对象 df。
- 第⑤行将返回的 DataFrame 对象打印并输出到控制台，如图 5-16 所示。

提示：在程序运行前需要先安装 SQLAlchemy 库，请先使用 pip 指令或者 PyCharm 工具安装 SQLAlchemy 库。

```
        HDate    Open    High     Low   Close  Volume  Symbol
0  2021-04-02  2056.00  2162.00  2056.00  2165.00   52028  600519
1  2021-04-01  2021.00  2044.50  2001.22  2046.80   26588  600519
2  2021-03-31  2045.10  2009.00  2000.00  2046.02   37154  600519
3  2021-03-30  2040.00  2056.05  2035.08  2086.00   32627  600519
4  2021-03-29  2043.20  2034.10  2026.15  2096.35   56992  600519
..        ...      ...      ...      ...      ...     ...     ...
75 2020-12-10  1840.00  1832.90  1828.00  1849.77   32654  600519
76 2020-12-09  1865.95  1840.00  1839.00  1866.00   31152  600519
77 2020-12-08  1815.00  1850.00  1813.00  1875.00   61454  600519
78 2020-12-07  1802.70  1812.40  1800.55  1840.39   58331  600519
79 2020-12-04  1752.00  1793.11  1752.00  1800.10   62491  600519

[80 rows x 7 columns]
```

图 5-16

5.4.5 使用 pandas 库写入数据到 CSV 文件

在上一小节的示例中，DataFrame 对象的内容是通过 print 函数输出到控制台的，但不便于查看 DataFrame 对象的内容。有什么好办法呢？

可以通过 pandas 库将 DataFrame 对象写入一个临时的 CSV 文件中。CSV 文件也是一种电子表格，查看起来非常方便。

pandas 库提供了 to_csv 函数，可以将 Series 或 DataFrame 对象写入 CSV 文件。to_csv 函数的语法格式如下：

to_csv(path_or_buf=None, sep=', ', header=True, index=True, encoding=None)

主要的参数如下。

- path_or_buf：写入 CSV 文件，可以是字符串、文件对象。
- sep：用于分隔每行字段的字符。
- header：写入列名，可以是布尔类型（为 False 时，不写入列名；为 True 时，将 Series 和 DataFrame 对象的列标签作为列名），也可以是字符串列表（自定义列名）。
- index：写入行名，只能是布尔类型，默认为 True。
- encoding：设置字符集，Python 2 默认为 ascii，Python 3 默认为 utf-8。

示例代码如下：

```
# coding=utf-8
# 代码文件：chapter5/ch5.4.5.py

import pandas as pd
from sqlalchemy import create_engine

# 创建 SQLAlchemy 数据库引擎
engine = create_engine('sqlite:///data/db/QuoteDB.db')
# 无参数查询
df = pd.read_sql_query('SELECT * FROM HistoricalQuote', engine, parse_dates=['HDate'])

# print(df)

# 股票代号参数
paramlist = [600519]
# 有条件查询
df = pd.read_sql_query('SELECT * FROM HistoricalQuote   where Symbol = ?', engine,
                       parse_dates=['HDate'],
                       params=paramlist)
```

```
f = r'data/temp.csv'              # CSV 文件的路径

df.to_csv(f, encoding='gbk')      # 将 df 对象的内容输出到 temp.csv 文件中

print('Game Over')
```

程序运行后，在 data 目录下将生成一个 temp.csv 文件。

5.4.6 使用 pandas 库写入数据到 Excel 文件

扫码看视频

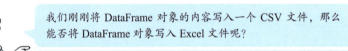

pandas 库提供了 to_excel 函数，可以将 Series 或 DataFrame 对象写入 Excel 文件。to_excel 函数的语法格式如下：

to_excel(excel_writer, sheet_name='Sheet1', header=True, index=True)

主要的参数如下。

- excel_writer：写入 Excel 文件，可以是字符串、ExcelWriter 对象。
- sheet_name：Excel 文件的工作表的名称，是字符串类型，默认为'Sheet1'。
- header：是写入的列名，可以是布尔类型（为 False 时，不写入列名；为 True 时，将 Series 和 DataFrame 对象的列标签作为列名），也可以是字符串列表（自定义列名）。
- index：是否写入行名，只能是布尔类型，默认为 True。

示例代码如下：

```
# coding=utf-8
# 代码文件：chapter5/ch5.4.6.py

import pandas as pd
from sqlalchemy import create_engine

# 创建 sqlalchemy 数据库引擎
engine = create_engine('sqlite:///data/db/QuoteDB.db')
# 无参数查询
df = pd.read_sql_query('SELECT * FROM HistoricalQuote', engine, parse_dates=['HDate'])

# print(df)

# 股票代号参数
paramlist = [600519]
```

```
# 有条件参数查询
df = pd.read_sql_query('SELECT * FROM HistoricalQuote   where Symbol = ?', engine,
                   parse_dates=['HDate'],
                   params=paramlist)

f = r'data/temp.xlsx'   # 声明 Excel 文件的路径

df.to_excel(f)

print('Game Over')
```

程序运行后，在 data 目录下将生成一个 temp.xlsx 文件。

提示： 用 pandas 库写入数据到 Excel 文件依赖于 xlwt 库和 openpyxl 库。请先使用 pip 指令安装这两个库，安装指令如下：

pip install xlwt

pip install openpyxl

5.4.7 使用 pandas 库找出各城区有最高房价的小区

老板又让我找出各城区有最高房价的小区，我使用 Excel 实现很困难！

我们可以使用 pandas 库提供的分组聚合操作实现，先对数据进行分组，然后按照各组使用聚合函数进行处理。

扫码看视频

找出各城区有最高房价的小区的示例代码如下：

```
# coding=utf-8
# 代码文件：chapter5/ch5.4.7.py

import pandas as pd

f = r'data/北京房价数据.xlsx'

df = pd.read_excel(f)                   # 读取 Excel 文件的内容到 DataFrame 对象中

df2 = df.query("城区!='北京周边'")        # 过滤掉北京周边的城区，剩下的是北京市内的城区
grouped_df = df2.groupby(['城区'])       # 按照城区字段分组
df3 = grouped_df.max()                  # 对分组后的 DataFrame 对象进行 max 操作

f = r'data/temp.csv'

df3.to_csv(f, encoding='gbk')           # 将 DataFrame 对象 df3 的内容写入 temp.csv 文件
```

```
print('Game Over')
```

程序运行成功后将生成 temp.csv 文件，内容如图 5-17 所示。

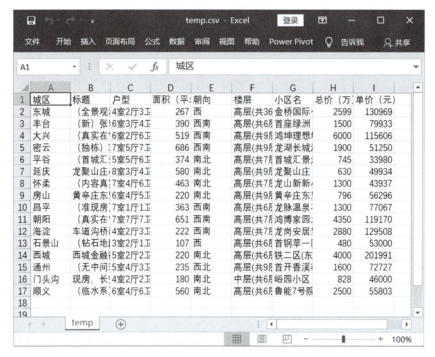

图 5-17

5.4.8 按照各城区的平均房价排序

扫码看视频

我想按照各城区的平均房价排序，该如何操作呢？

我们可以对各个分组进行排序。

按照各城区的平均房价排序，代码如下：

```
# coding=utf-8
# 代码文件：chapter5/ch5.4.8.py

import pandas as pd

f = r'data/北京房价数据.xlsx'
```

```
df = pd.read_excel(f)

df2 = df.query("城区!= '北京周边'")
grouped_df = df2.groupby(['城区'])

df3 = grouped_df.mean().sort_values(by='单价（元）', ascending=False)    ①

f = r'data/temp.csv'

df3.to_csv(f, encoding='gbk')

print('Game Over')
```

代码解释如下。

- 第①行按照各城区的平均房价排序。mean 函数用于求平均值，它的返回值是一个 DataFrame 对象，然后调用 sort_values 函数排序。sort_values 函数中的"by=单价（元）"指定排序字段，"ascending=False"指定按照降序排序。排序之后返回 DataFrame 对象 df2 的内容，如图 5-18 所示。

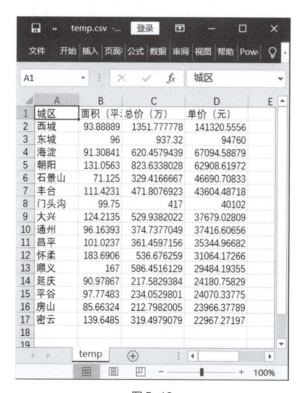

图 5-18

5.5 数据分析与数据透视表的故事

在 Excel 工具中有生成数据透视表的功能，该功能有什么作用呢？

数据透视表可以对数据进行汇总、分析、浏览和呈现，帮助我们做出决策。如图 5-19 所示是使用 Excel 工具生成的透视表，它呈现了北京有最高房价的小区，并且按照单价字段进行了降序排序。

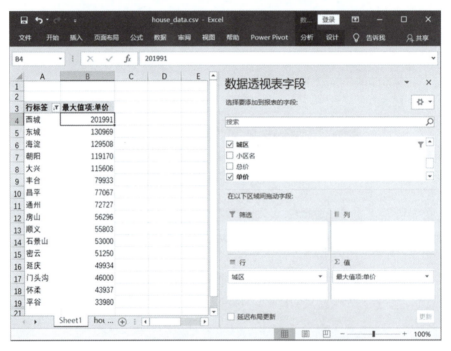

图 5-19

那使用 Python 代码可以生成透视表吗？

可以，我们通过 pandas 库就可以生成透视表。

在 pandas 库中，DataFrame 对象有一个 pivot_table 函数可以生成透视表并返回 DataFrame 对象，该函数的语法定义如下：

pivot_table(values=None, index=None, columns=None,aggfunc='mean', fill_value=None)

参数说明如下。

- values：用于聚合的列。
- index：指定透视表上的行标签。
- column：指定用于透视表分组的列。
- aggfunc：指定用于透视表统计的聚合函数，默认是 mean 均值函数。
- fill_value：用于替换缺失的值的数据。

pivot_table 函数中各个参数与透视表的关系如图 5-20 所示。

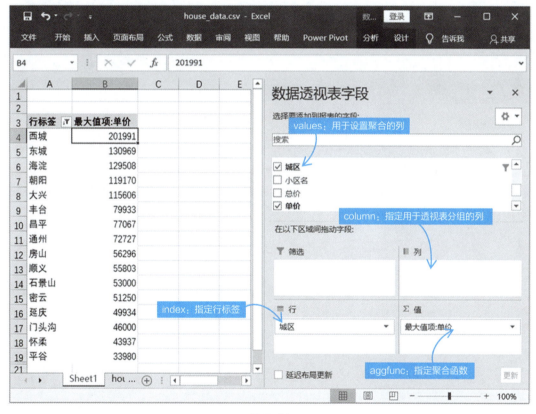

图 5-20

采用 pandas 库的 pivot_table 函数找出北京有最高房价小区的代码如下：

```
# coding=utf-8
# 代码文件：chapter5/ch5.5.py

import pandas as pd
```

```
f = r'data/北京房价数据.xlsx'

df = pd.read_excel(f)

# pivot_table 函数用于获取 DataFrame 对象
df1 = df.pivot_table(index=['城区'], aggfunc='max', values='单价（元）')      ①
# 过滤掉北京周边的数据
df2 = df1.query("城区!= '北京周边'")

# 对 DataFrame 对象进行排序
df3 = df2.sort_values(by='单价（元）', ascending=False)                        ②

f = r'data/temp.csv'

df3.to_csv(f, encoding='gbk')

print('Game Over')
```

代码解释如下。

- 第①行通过 pivot_table 函数获取 DataFrame 对象 df1。其中 index=['城区']用于指定行标签，aggfunc='max'用于指定聚合函数为 max，values 用于指定聚合的列。
- 第②行调用 sort_values 函数进行排序，by='单价(元)用于指定排序字段，"ascending=False"用于指定降序排序，结果如图 5-21 所示。

图 5-21

第 6 章　一图抵万言——数据可视化

我们经过数据分析，确实能找出数据规律，但数据看上去不直观，这时可以借助图表将数据中的规律直观地展示出来，这就是数据可视化。数据可视化对于数据分析和自动化办公都非常重要，毕竟一图抵万言！

6.1　数据可视化那些事儿

扫码看视频

Python 有哪些数据可视化库呢？
下面介绍一下。

Python 的数据可视化库有很多，但应用的方向不同，主要的库如下。

（1）Matplotlib 库：是基础的数据可视化库，很多可视化库就是在其基础上扩展的。

（2）Seaborn 库：是专门用于数据分析的可视化库，基于 Matplotlib 库开发，能够很好地与 pandas 库的 DataFrame 对象结合。

（3）Basemap 库：能可视化地理数据，即在地图上实现数据可视化（例如热点图），是 Matplotlib 库的扩展库。

（4）pyecharts 库：是 Python 版本的 Echarts 库，Echarts 库是百度开源的数据可视化库。

6.2 使用 Matplotlib 库绘制图表

Matplotlib 库是一个支持 Python 的 2D 绘图库，可用于绘制各种形式的图表，使数据可视化，便于进行数据分析。Matplotlib 库可绘制的图表有线图、散点图、条形图、柱状图、3D 图及图形动画等，还提供了丰富的图形图像工具。本节将介绍 Matplotlib 库的安装和基本开发过程。

6.2.1 安装 Matplotlib 库

可以通过 pip 指令安装 Matplotlib 库：

```
pip install matplotlib
```

其他平台的安装过程类似，这里不再赘述。

6.2.2 图表的基本构成要素

如图 6-1 所示是一个折线图表，图表有标题。x 轴和 y 轴有坐标，也可以为 x 轴和 y 轴添加标题。x 轴和 y 轴有默认的刻度，可以根据需要改变刻度，还可以为刻度添加标题。在图表中有类似的图形时，可以为其添加图例，用不同的颜色标识和区别它们。

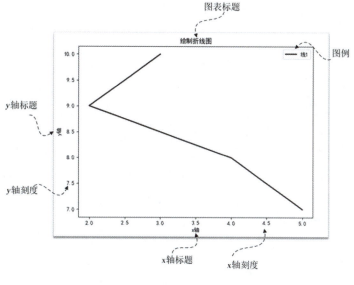

图 6-1

6.2.3 绘制城区最高房价柱状图

对于单个的、非连续变化的数据,我们应该用什么图展示呢?

可以用柱状图。例如我们在 5.2.4 节分析出北京各个城区的最高房价数据,现在可以使用柱状图展示这些数据中的规律,如图 6-2 所示。

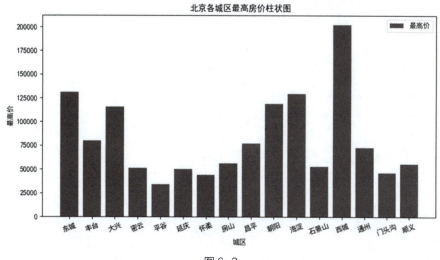

图 6-2

北京各城区最高房价柱状图的示例代码如下：

```python
# coding=utf-8
# 代码文件：chapter6/ch6.2.3.py

import matplotlib.pyplot as plt
import pandas as pd

plt.rcParams['font.family'] = ['SimHei']           # 设置中文字体
plt.rcParams['axes.unicode_minus'] = False         # 设置负号正常显示

plt.figure(figsize=(10, 5))                        # 设置图表大小

f = r'data\北京房价数据.xlsx'
df = pd.read_excel(f)

df = df.rename(                                    # 重新命名列标签     ①
    columns={'标题': 'title',
             '户型': 'type',
             '面积（m²）': 'area',
             '朝向': 'face',
             '楼层': 'floor',
             '城区': 'addr_dist',
             '小区名': 'addr_name',
             '总价（万）': 'total_price',
             '单价（元）': 'price'})

df = df.query("addr_dist!='北京周边'")
grouped_df = df.groupby(['addr_dist'])
df2 = grouped_df.max()

# 绘制柱状图
plt.bar(x=df2.index, height=df2['price'], color='r', label='最高价', alpha=0.78)   ②

plt.title('北京各城区最高房价柱状图')
plt.ylabel('最高价')                               # 添加 y 轴标题
plt.xlabel('城区')                                 # 添加 x 轴标题
plt.xticks(rotation=20)                                                        ③
plt.legend()                                       # 设置图例


plt.savefig('北京各城区最高房价柱状图', dpi=200)    # 保存图像
plt.show()                                         # 显示图形
```

代码解释如下。

- 第①行使用 DataFrame 对象的 rename 函数重新命名列标签，这样做是因为中文列标签名在程序中有编码问题，对中文命名也不好输入和编写。rename 函数的 columns 参数是一个字典，字典的键是之前的列标签名，字典的值是命名之后的列标签名。
- 第②行通过 bar 函数绘制柱状图，x 参数是 x 轴所需的数据。在本例中，df2.index 用于获取 df2 对象的行标签集合，即所有城区名；height 参数表示 y 轴所需的数据；color 参数用于设置图形颜色，参数值'r'表示红色。不仅有 bar 函数，所有 Matplotlib 库中函数的 color 参数都用于设置图形颜色，颜色值的含义也是相同的。
- 第③行设置 x 轴的刻度，由于显示刻度的标签较长，所以需要倾斜 20° 显示。

6.2.4 北京房价区间占比饼状图

老板想知道不同房价区间的占比情况，应该用什么图展示呢？

可以用饼状图。如图 6-3 所示是北京房价区间占比饼状图。

扫码看视频

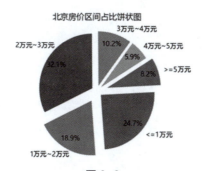

图 6-3

该饼状图的示例代码如下：

```
# coding=utf-8
# 代码文件：chapter6/ch6.2.4.py

import matplotlib.pyplot as plt
import pandas as pd

plt.rcParams['font.family'] = ['Microsoft YaHei']    # 设置中文字体
plt.rcParams['font.size'] = 14                        # 设置字号

plt.rcParams['axes.unicode_minus'] = False            # 设置负号正常显示
plt.figure(figsize=(10, 5))                           # 设置图表大小
```

```python
f = r'data\北京房价数据.xlsx'
df = pd.read_excel(f)

df = df.rename(
    columns={'单价（元）': 'price'})

df2 = df.query("price >= 50000")
datas = []
datas.append(len(df2))
print('<=5万元数量：', len(df2))

df2 = df.query("price >= 40000 and price < 50000")
print('4万元~5万元"数量：', len(df2))
datas.append(len(df2))

df2 = df.query("price >= 30000 and price < 40000")
print('3万元~4万元"数量：', len(df2))
datas.append(len(df2))

df2 = df.query("price >= 20000 and price < 30000")
print('2万元~3万元"数量：', len(df2))
datas.append(len(df2))

df2 = df.query("price >= 10000 and price < 20000")
print('1万元~2万元"数量：', len(df2))
datas.append(len(df2))
df2 = df.query("price <= 10000")
print('<=1万元"数量：', len(df2))
datas.append(len(df2))

labels = []
labels.append('>=5万元')
labels.append('4万元~5万元')
labels.append('3万元~4万元')
labels.append('2万元~3万元')
labels.append('1万元~2万元')
labels.append('<=1万元')

explode = (0.2, 0.1, 0.1, 0.1, 0.2, 0.1)

g = plt.pie(datas, labels=labels, explode=explode, autopct='%.1f%%', startangle=3)    ①

plt.title('北京房价区间占比饼状图')
plt.show()
```

代码解释如下。

- 第①行通过 pie 函数绘制饼状图。pie 函数的参数有很多，其中 datas 参数表示绘制饼状图所需的主要数据；labels 参数表示饼状图标签；explode 参数用于设置各个部分脱离饼主体的效果，它的取值是(0.2, 0.1, 0.1, 0.1, 0.2, 0.1)元组，注意，元组中元素的个数与 datas 及 labels 元素的个数是相同的，并且一一对应；autopct 参数用于设置各个部分的显示百分比，%.1f%%用于格式化字符串，%.1f 用于保留一位小数，%%用于显示一个百分号"%"。

6.2.5 北京各城区房价分布散点图

扫码看视频

老板想知道北京各个城区的房价分布情况，应该使用什么图展示呢？

可以使用散点图。散点图可以展示数据分布情况，密度越大，说明数据越多。如图 6-4 所示是北京各城区房价分布散点图。

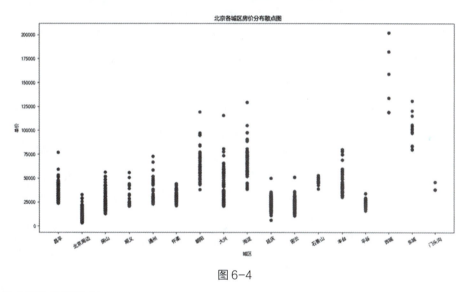

图 6-4

该散点图的示例代码如下：

```
# coding=utf-8
# 代码文件：chapter6/ch6.2.5.py

import matplotlib.pyplot as plt
import pandas as pd

plt.rcParams['font.family'] = ['SimHei']        # 设置中文字体
plt.rcParams['axes.unicode_minus'] = False      # 设置负号正常显示
```

```
plt.figure(figsize=(8, 5))                    # 设置图表大小

f = r'data\北京房价数据.xlsx'
df = pd.read_excel(f)

df = df.rename(
    columns={'城区': 'addr_dist',
             '单价（元）': 'price'})

plt.scatter(df['addr_dist'], df['price'])     ①

plt.title('房价分布散点图')
plt.ylabel('单价')                            # 添加 y 轴标题
plt.xlabel('城区')                            # 添加 x 轴标题
plt.xticks(rotation=30)

plt.show()
```

代码解释如下。

- 第①行通过 scatter 函数绘制散点图，x 坐标是城区名，y 坐标是房屋单价数据。

6.2.6 贵州茅台股票的历史成交量折线图

如何能一目了然地看到过去一个月的股票成交量变化情况呢？

可以使用折线图，如图 6-5 所示。

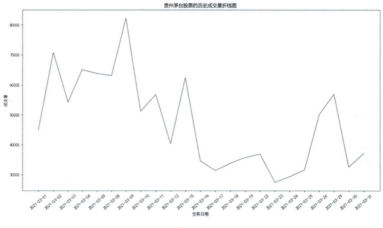

图 6-5

该折线图的实现代码如下：

```python
# coding=utf-8
# 代码文件：chapter6/ch6.2.6.py

import matplotlib.pyplot as plt
import pandas as pd

plt.rcParams['font.family'] = ['SimHei']          # 设置中文字体
plt.rcParams['axes.unicode_minus'] = False        # 设置负号正常显示

plt.figure(figsize=(15, 5))

f = r'data\股票的历史交易数据.xlsx'
df = pd.read_excel(f)

df2 = df.query("Date >='2021-03-01' and Date < '2021-04-01'").sort_values(by='Date')    ①

# 绘制折线
plt.plot(df2['Date'], df2['Volume'])                                                    ②

plt.title('贵州茅台股票')
plt.ylabel('成交量')                               # 添加 y 轴标题
plt.xlabel('交易日期')                             # 添加 x 轴标题
plt.xticks(rotation=40)
plt.show()
```

代码解释如下。

- 第①行通过指定时间段来查询数据，并按照'Date'字段排序。
- 第②行通过 plt.plot 函数绘制折线，其中 df2['Date']是 *x* 轴数据，df2['Volume']是 *y* 轴数据。

6.2.7 绘制股票的历史 OHLC 图

上面的股票成交量显示为一种折线图，如何将开盘价、最高价、最低价、收盘价等数据都绘制在一个图表中呢？如图 6-6 所示是贵州茅台股票的历史 OHLC（Open-High-Low-Close）图。

下面就来实现这个示例。

扫码看视频

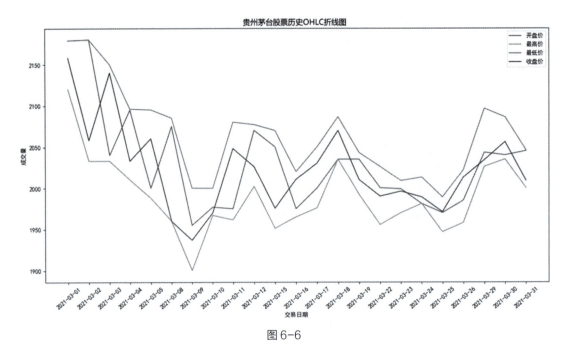

图6-6

该折线图的实现代码如下：

```
# coding=utf-8
# 代码文件：chapter6/ch6.2.7.py

import matplotlib.pyplot as plt
import pandas as pd

plt.rcParams['font.family'] = ['SimHei']        # 设置中文字体
plt.rcParams['axes.unicode_minus'] = False      # 设置负号正常显示

plt.figure(figsize=(15, 5))

f = r'data\股票的历史交易数据.xlsx'
df = pd.read_excel(f)

df2 = df.query("Date >='2021-03-01' and Date < '2021-04-01'").sort_values(by='Date')

plt.title('贵州茅台股票历史 OHLC 折线图')
plt.plot(df2['Date'], df2['Open'], label='开盘价')        ①
plt.plot(df2['Date'], df2['High'], label='最高价')
plt.plot(df2['Date'], df2['Low'], label='最低价')
plt.plot(df2['Date'], df2['Close'], label='收盘价')       ②
```

```
plt.ylabel('成交量')
plt.xlabel('交易日期')
plt.xticks(rotation=40)

plt.show()
```

代码解释如下。

- 第①行和第②行绘制了 4 个折线图，label 参数用于设置在图例中显示的折线标签。

6.3 调用 Excel 绘制图表

Excel 本身有强大的图表制作功能，能很方便地将 Excel 电子表格生成图表，那么我们可以通过 Python 程序调用 Excel 生成图表吗？

当然！我们可以通过 xlwings 库调用 Excel 创建图表。xlwings 库除了提供了 Book、Sheet 和 Range 等 Excel 对象，还提供了 Chart（图表）对象。

6.3.1 绘制三维折线图

如何使用 xlwings 库调用 Excel 绘制图表呢？可以举个"栗子"吗？

可以，对在 6.2.7 节中介绍的 OHLC 图，我们还可以使用 Excel 将其绘制成三维折线图来表示，如图 6-7 所示。

扫码看视频

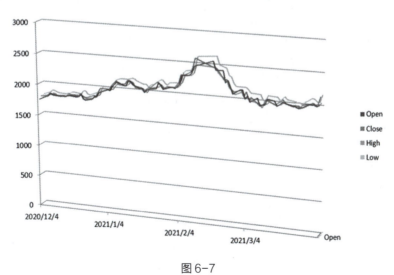

图 6-7

示例代码如下：

```python
# coding=utf-8
# 代码文件：chapter6/ch6.3.1.py

import matplotlib.pyplot as plt
import pandas as pd

import xlwings as xw


app = xw.App(visible=True, add_book=False)

f = r'data\股票的历史交易数据.xlsx'

wb = app.books.open(f)

sheet1 = wb.sheets.active

rng = sheet1.range('A:E')                            # 选择 A 到 E 列

chartsheet = wb.sheets.add(name='图表工作表', after=sheet1)    # 添加图表工作表             ①

chart = chartsheet.charts.add(0, 0)                  # 在添加的工作表中添加图表    ②

chart.chart_type = '3d_line'                         # 设置图表类型               ③

chart.width = 500
chart.height = 500

chart.set_source_data(rng)                           # 设置图表的数据源
```

代码解释如下。

- 第①行在工作表中添加一个工作表，添加的工作表用于放置生成的图表，将其命名为"图表工作表"。
- 第②行在添加的工作表中添加图表，charts.add(0, 0)函数用于实现添加图表，其中的参数用于设置添加图表的坐标。
- 第③行设置图表类型，其中，chart_type 是图表类型属性，'3d_line'是三维折线图类型属性。

6.3.2 绘制三维簇状条形图

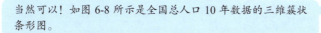
我看使用 xlwings 库调用 Excel 绘制图表还是很简单的,可以用它绘制更加复杂的图表吗?

当然可以!如图 6-8 所示是全国总人口 10 年数据的三维簇状条形图。

扫码看视频

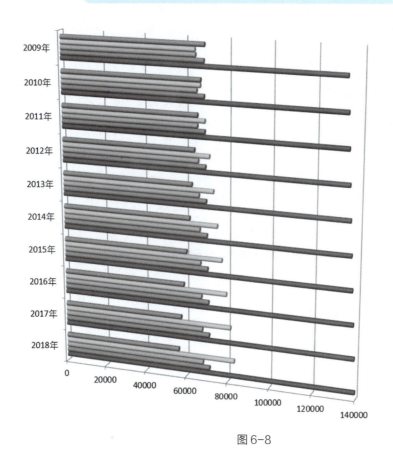

图 6-8

示例代码如下:

```
# coding=utf-8
# 代码文件:chapter6/ch6.3.2.py

import matplotlib.pyplot as plt
import pandas as pd

import xlwings as xw
```

```
app = xw.App(visible=True, add_book=False)

f = r'data\全国总人口 10 年数据.xls'

wb = app.books.open(f)

sheet1 = wb.sheets.active

rng = sheet1.range('A3:K8')                    # 选择数据源

chartsheet = wb.sheets.add(name='图表工作表', after=sheet1)

chart = chartsheet.charts.add(0, 0)

chart.chart_type = 'cylinder_bar_clustered'    # 设置图表类型         ①

chart.set_source_data(rng)                     # 设置图表的数据源

chart.width = 550
chart.height = 450
```

代码解释如下。

- 第①行设置图表类型为'cylinder_bar_clustered'，即三维簇状条类型的图表。

第 7 章 办公离不开的"字"处理——操作 Word 文件

我们在办公过程中会频繁使用 Word 文件,本章讲解如何通过程序处理 Word 文件。

7.1 访问 Word 文件库——python-docx 库

我在办公过程中经常需要处理 Word 文件,如何通过 Python 程序处理 Word 文件呢?

处理 Word 文件的主要库有以下几种。

扫码看视频

(1) python-docx 库:是应用最普遍的 Word 文件处理库,其优势是跨平台,可以在 Windows 和 MacOS 平台上处理 Word 文件,缺点是不能处理老版本的 Word 文件,即只能处理.docx 文件,但不能处理.doc 文件。

（2）pywin32 库：调用 Windows 底层 API 实现对 Word 文件的操作，因此不支持跨平台，只能在 Windows 平台上使用。

安装 python-docx 库的 pip 指令如下：

```
pip install    python-docx
```

7.1.1 python-docx 库中的那些对象

python-docx 库提供了一些对象用于操作 Word 文件，这些对象都与 Word 文件相关的内容对应。python-docx 库采用层次结构管理这些对象，如图 7-1 所示。

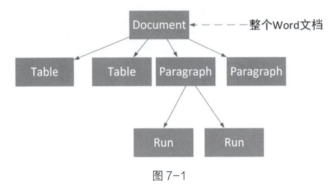

图 7-1

对这些对象说明如下。

- Document：Word 文件对象，表示整个 Word 文件。在文件中会包含若干段落（Paragraph）或表格（Table）等对象。
- Paragraph：对应 Word 文件中的段落。
- Table：Word 文件中的表格，在一个表格中还包含行、列和单元格等对象。
- Run：每个 Run 对象都是一个包含字体、样式等信息的文本片段。一个段落对象包含若干 Run 对象。如图 7-2 所示，①和②属于不同的 Run 对象，从图中可见它们有不同的样式。

此外，还有节（Section）、样式（Style）和内置形状（Inline_shape）等对象。

第 7 章 办公离不开的"字"处理——操作 Word 文件

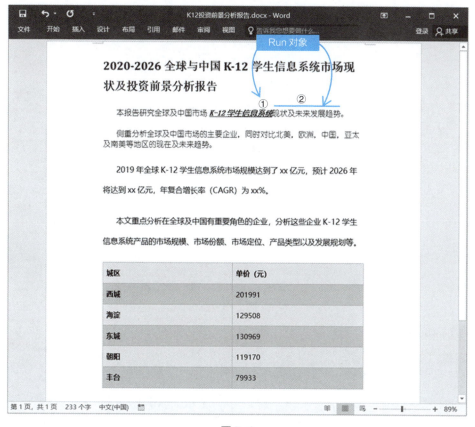

图 7-2

7.1.2 打开 Word 文件并读取内容

举个"栗子"吧!

好,这里介绍如何使用 python-docx 库打开并读取"K12 投资前景分析报告.docx"文件的内容,如图 7-3 所示,可以在本书配套代码中找到该文件。

扫码看视频

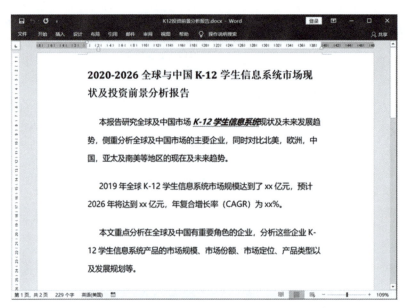

图 7-3

示例代码如下：

```
# coding=utf-8
# 代码文件：chapter7/ch7.1.2.py

from docx import Document                              # 从 docx 模块导入 Document 类

document = Document(r'data/K12 投资前景分析报告.docx')    # 创建文件对象                    ①
all_paras = document.paragraphs                         # 获取所有段落

print('段落个数：', len(all_paras))

for para in all_paras:                                  # 遍历所有段落
    text = para.text
    text = text.strip()                                 # 删除前后空白                     ②

    if text == '':
        continue                                        # 如果是空白，则跳过
    print(text)
    print("---------------")

print('Game Over')
```

代码解释如下。

- 第①行通过 Document 类创建文件对象。Document 类有两个构造函数：有一个字符串参数的构造函数，用于打开已存在的 Word 文件，构造函数的参数表示要打开的文件路径，本例使用了该构造函数；无参数的构造函数，用于创建一个空的 Word 文件。
- 第②行删除字符串前后的空白（空格、制表符、换行符和回车符等）。

示例运行后，在控制台输出结果如下：

段落个数： 10
2020-2026 全球与中国 K-12 学生信息系统市场现状及投资前景分析报告

本报告研究全球及中国市场 K-12 学生信息系统现状及未来发展趋势，侧重分析全球及中国市场的主要企业，同时对比北美、欧洲、中国、亚太及南美等地区的现在及未来趋势。

2019 年全球 K-12 学生信息系统市场规模达到了 xx 亿元, 预计 2026 年将达到 xx 亿元, 年复合增长率(CAGR)为 xx%。

本文重点分析在全球及中国有重要角色的企业，分析这些企业 K-12 学生信息系统产品的市场规模、市场份额、市场定位、产品类型以及发展规划等。

主要企业包括：

Skyward

Power School

Illuminate Education

Tyler Technologies

结束

7.1.3 写入数据到 Word 文件

如何把数据写入 Word 文件呢？能否再举个"栗子"呢？

可以，如图 7-4 所示是要写入的 Word 文件的内容，其中有文本和图像等。

扫码看视频

图 7-4

示例代码如下：

```
# coding=utf-8
# 代码文件：chapter7/ch7.1.3.py

from docx import Document
from docx.shared import Inches

document = Document()    # 创建空白文件

# 添加段落
document.add_heading('北京房价相关信息', level=1)                                    ①

# 添加段落
p = document.add_paragraph('第45周北京新房成交排名 TOP20 热盘中限竞房占近半', style='Intense Quote')   ②

# 添加图像
document.add_picture('data/北京各城区最高房价柱状图.png', width=Inches(6.0))           ③
```

```
document.save(r'data/temp.docx') # 保存文件

print("保存文件成功.")
```

代码解释如下。

- 第①行通过 add_heading 函数在文件后面追加标题样式的段落，level 参数用于设置标题级别，取值范围为 0~9。
- 第②行添加普通段落，style 参数用于设置段落的样式为"Intense Quote（明显引用）"，明显引用和标题 1 都是 Word 的内置样式，如图 7-5 所示。
- 第③行的 add_picture 函数用于在文件中追加图像，该函数的第 1 个参数表示图像路径，第 2 个参数 width 用于设置图像的宽度，Inches(6.0))表示宽度值为 6 英寸。

图 7-5

7.1.4 在 Word 文件中添加表格

上一小节通过 python-docx 库添加了文本和图像，那么如何通过程序在 Word 文件中添加一个表格呢？

现在通过一个示例介绍如何添加表格。如图 7-6 所示，在 Word 文件后面追加一个表格。

扫码看视频

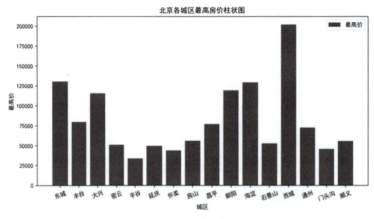

图 7-6

示例代码如下：

```
# coding=utf-8
# 代码文件：chapter7/ch7.1.4.py

from docx import Document

document = Document('data/temp.docx')

# 表格中的数据
records = [                                                  ①
    ('西城', 201991),
    ('海淀', 129508),
    ('东城', 130969),
    ('朝阳', 119170),
    ('丰台', 79933),
]
# 在文件后追加表格
table = document.add_table(rows=1, cols=2, style='Medium Grid 1 Accent 5')   ②
hdr_cells = table.rows[0].cells

hdr_cells[0].text = '城区'              # 设置表头第 1 列的单元格
```

```
hdr_cells[1].text = '单价（元）'         # 设置表头第 2 列的单元格

for addr_dist, price in records:         # 遍历表格中的所有行                              ③
    row_cells = table.add_row().cells    # 获取一行中的所有单元格
    row_cells[0].text = addr_dist        # 设置第 1 列的单元格
    row_cells[1].text = str(price)       # 设置第 2 列的单元格

document.save('data/temp.docx')

print("保存文件成功.")
```

代码解释如下。

- 第①行声明列表对象 records，该对象用于保存表格中的数据。在 records 列表对象中，每个元素都是一个元组对象，对应表格中的一行数据。
- 第②行通过 document 对象的 add_table 函数在文件后追加表格。rows 参数用于设置表格的行数；cols 参数用于设置表格的列数；style 参数用于设置表格的样式。"Medium Grid 1 Accent 5" 是 Word 的内置表格样式，即"中等深浅网格 1 – 着色 5"。
- 第③行通过 for 循环遍历列表对象 records，从 records 中取出的每一个元素都是一个二元组，并且将元组中的两个元素分别赋值给变量 addr_dist 和 price。

7.1.5 设置文件样式

扫码看视频

在 7.1.3 节的示例中，段落中的字体都是默认字体，很难看，如何修改默认字体呢？

我们可以通过文件对象的 styles 属性设置文件的默认字体。

示例代码如下：

```
# coding=utf-8
# 代码文件：chapter7/ch7.1.5.py

from docx import Document
from docx.oxml.ns import qn
from docx.shared import Inches
from docx.shared import Pt

document = Document()

style = document.styles['Normal']              # 获取默认样式
style.font.name = 'Times New Roman'            # 设置西文字体
```

```
style.font.size = Pt(12)

# 设置中文字体
style.element.rPr.rFonts.set(qn('w:eastAsia'), '幼圆')    ①

records = [
    ('西城', 201991),
    ('海淀', 129508),
    ('东城', 130969),
    ('朝阳', 119170),
    ('丰台', 79933),
]

# 添加段落
p = document.add_paragraph('第 45 周北京新房成交排名 TOP20 热盘中限竞房占近半')

# 添加图像
document.add_picture('data/北京各城区最高房价柱状图.png', width=Inches(6.0))

# 添加表格
table = document.add_table(rows=1, cols=2, style='Medium Grid 1 Accent 5')
hdr_cells = table.rows[0].cells
hdr_cells[0].text = '城区'
hdr_cells[1].text = '单价（元）'

for addr_dist, price in records:
    row_cells = table.add_row().cells
    row_cells[0].text = addr_dist
    row_cells[1].text = str(price)
# 保存文件
document.save(r'data/temp.docx')

print("保存文件成功.")
```

代码解释如下。

- 第①行用于设置中文字体为"幼圆"，必须采用"style.element.rPr.rFonts.set(qn('w:eastAsia'), '幼圆')"形式的表达式才能生效。

7.1.6 修改文件样式

我们是否可以通过程序修改已经存在的文件样式呢?
可以,我们可以通过 Run 对象修改样式。

扫码看视频

示例代码如下:

```
# coding=utf-8
# 代码文件:chapter7/ch7.1.1.6.py

from docx import Document
from docx.oxml.ns import qn
from docx.shared import Pt

document = Document(r'data/K12 投资前景分析报告.docx')
all_paras = document.paragraphs

# 遍历所有段落
for paragraph in document.paragraphs:

    # 遍历段落中的所有 Run 对象
    for run in paragraph.runs:                                ①
        run.font.size = Pt(12)
        run.font.name = 'Times New Roman'

        run.element.rPr.rFonts.set(qn('w:eastAsia'), '微软雅黑')

document.save(r'data/K12 投资前景分析报告 2.docx')

print("结束")
```

代码解释如下。

- 第①行遍历一个段落中的所有 Run 对象。

7.2 解决在工作中使用 Word 时遇到的问题

上一节讲解的理论知识比较多，本节介绍如何通过程序解决在工作中使用 Word 时遇到的问题。

7.2.1 批量转换 .doc 文件为 .docx 文件

扫码看视频

最近业务特别多，我需要将同事上传给我的 .doc 文件手动另存为 .docx 文件，实在是忙不过来！该怎么办呢？

可以使用 pywin32 库。虽然使用 pywin32 库操作 Word 文件不是很方便，但是可以将老版本的 .doc 文件转换为 .docx 文件。注意，pywin32 库只能在 Windows 平台上使用。

示例代码如下：

```python
# coding=utf-8
# 代码文件：chapter7/ch7.2.1.py
import os

from win32com import client as wc    # 导入模块


# 查找 dir 目录下以 ext 为后缀名的文件列表
# dir 参数表示文件所在目录，ext 参数表示文件的后缀名

def findext(dir, ext):
    allfile = os.listdir(dir)

    # 返回过滤器对象
    files_filter = filter(lambda x: x.endswith(ext), allfile)
    # 从过滤器对象中提取列表
    list2 = list(files_filter)
    return list2    # 返回过滤后的条件文件名


if __name__ == '__main__':

    # 设置输入目录
    indir = r'C:\...\data\test\in'
    # 设置输出目录
    outdir = r'C:\...\data\test\out'

    wordapp = wc.Dispatch("Word.Application")        # 创建 Word 应用程序对象
```

```
# 查找 indir 目录下的所有.doc 文件
list2 = findext(indir, '.doc')

for name in list2:
    infile = os.path.join(indir, name)              # 将目录和文件名连接起来
    name = name.replace('.doc', '.docx')
    outfile = os.path.join(outdir, name)
    document = wordapp.Documents.Open(infile)       # 打开 Word 文件
    document.SaveAs(outfile, FileFormat=12)                                     ①

    print(outfile, "转换 OK。")
    document.Close(0)                               # 关闭 Word，0 表示不保存变更  ②

print("Game Over！ ")
```

代码解释如下。

- 第①行通过 SaveAs 函数将文件另存为.docx 文件，outfile 参数表示要保存的文件名，FileFormat 参数表示设置另存的文件格式，12 表示 wdFormatXMLDocument，即.docx 文件。注意，对保存文件的路径不能使用相对路径。
- 第②行关闭 Word，Close 函数中的 "0" 表示不保存变更。

提示： 在另存文件时，常量 12 表示.docx 文件，这个文件格式的常量是在 VBA 文件中定义的，我们可以在如图 7-7 所示的页面中找到常量与文件格式的对应关系。

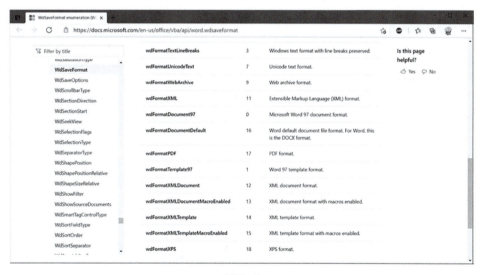

图 7-7

扫码看视频

7.2.2 采用模板批量生成证书文件

又到评定每月最佳员工的时间了，每个月这几天我都要需要加班才能处理完这些工作！

能把你的工作流程具体说一说吗？

我需要先从保存员工信息的 Excel 文件中找到员工的姓名，然后将其填写到如图 7-8 所示的证书模板文件中的"获奖人姓名"处，并填写好日期和颁奖人姓名/头衔，最后把文件保存为"文件证书-姓名.docx"文件。

图 7-8

我们可以通过模板技术，将一个设计好的模板文件动态生成不同的文件。模板文件一般包含动态内容和静态内容，通过程序动态替换动态内容。模板技术应用得非常广泛，例如生成页面的模板技术、生成 PDF 文件的模板技术等。生成 Word 文件的模板技术有 python-docx-template 库。在使用 python-docx-template 库之前，我们需要做好两件事情。

（1）安装 python-docx-template 库。可以通过 pip 指令或 PyCharm 工具安装 python-docx-template 库。pip 安装指令如下：

pip install docxtpl

（2）准备模板文件。准备模板文件时不仅需要设计文件，还需要将文件中的动态内容标识出来。如图 7-9 所示，将动态内容使用{{变量}}标识出来，将变量部分通过程序传递过来，这也可以是一个表达式，模板引擎会在计算之后将其填写到模板文件中。

图 7-9

示例代码如下：

```
# coding=utf-8
# 代码文件：chapter7/ch7.2.2.py

from datetime import datetime

import xlwings as xw

# 从 docxtpl 库导入 DocxTemplate 对象
from docxtpl import DocxTemplate

''' # 读取 Excel 文件，获取员工数据 '''


def readdata():
    app = xw.App(visible=False, add_book=False)
    f = r'data/员工信息.xlsx'
    print('打开文件:', f)
    wb = app.books.open(f)

    sheet1 = wb.sheets[0]

    # 选择姓名单元格区域
    rng = sheet1.range('B2').expand('down')

    names = rng.value
```

```
        wb.close()
        app.quit()

        print('关闭文件:', f)
        # 返回姓名列表
        return names


if __name__ == '__main__':

    '''获取员工姓名列表 '''
    emps = readdata()

    # 获取当前日期，设置日期格式为 yyyy-mm-dd（4 位年、2 位月和 2 位日）
    date = datetime.now().strftime('%Y-%m-%d')
    # 设置输出目录
    outdir = r'C:\...\code\chapter7\data\test\out'

    for emp in emps:
        tpl = DocxTemplate('data/证书模板.docx')

        context = {}    # 传递给模板的字典对象
        context['name'] = emp                           ①
        context['title'] = '关总经理'
        context['date'] = date                          ②

        tpl.render(context)    # 渲染模板，生成. docx 文件

        file = ('{0}/证书-{1}.docx'.format(outdir, emp))
        tpl.save(file)          # 将渲染好的文件对象保存为. docx 文件
        print('{0}证书生成完成。'.format(emp))

    print('Game Over！')
```

代码解释如下。

- 第①~②行通过键将数据参数放到字典中，注意，字典的键名与模板中"{{变量}}"的变量一致。

示例代码运行后，会在输出目录下生成多个.docx 文件，如图 7-10 所示。打开其中刚刚生成的文件，如图 7-11 所示。

第 7 章 办公离不开的"字"处理——操作 Word 文件

图 7-10

图 7-11

7.2.3 批量统计文件页数和字数

分公司提供给我很多 Word 文件，老板让我统计所有文件的页码和字数。打开文件逐个统计的话，太耗时了！有好的办法吗？

当然有，可以使用 pywin32 库来读取文件的信息。

扫码看视频

·181·

示例代码如下：

```python
# coding=utf-8
# 代码文件：chapter7/ch7.2.3.py

import os

from win32com.client import Dispatch


# 查找 dir 目录下以 ext 为后缀名的文件列表
# dir 参数表示文件所在目录，exts 参数指定文件的后缀名列表

def findext(dir, exts):                                                   ①
    allfile = os.listdir(dir)
    # 返回过滤器对象
    files_filter = filter(lambda x: os.path.splitext(x)[1] in exts, allfile)  ②
    list2 = list(files_filter)
    return list2   # 返回过滤后的条件文件名


if __name__ == '__main__':

    # 设置输入目录
    indir = r'C:...\code\chapter7\data\test\in'
    # 通过 findext 函数查找指定目录下的.doc 和.docx 文件
    list2 = findext(indir, ['.doc', '.docx'])

    # 打开 Word 文件
    wordapp = Dispatch('Word.Application')
    wordapp.Visible = False   # 设置文件不可见

    # 遍历文件列表
    for name in list2:
        infile = os.path.join(indir, name)   # 将目录和文件名连接起来
        document = wordapp.Documents.Open(infile)   # 打开 Word 文件
        # 重新编排页面
        document.Repaginate()                                             ③
        pagenum = document.ComputeStatistics(2)                           ④
        wordnum = document.ComputeStatistics(6)
        # 2    页数
        # 1    行数
        # 3    字符数
        # 4    段落数
        # 6    亚洲语言字符数
```

```
#  0     单词数

print('文{0}文件：页数是：{1}，字符数：{2}'.format(name, pagenum, wordnum))

document.Close(0)          # 关闭 Word 文件，0 表示不保存变更

wordapp.Quit()             # 退出 Word 应用
print("Game Over！")
```

代码解释如下。

- 第①行定义 findext 函数，注意，该函数可以判断多种类型的文件，而在 7.2.1 节所用到的 findext 函数只能判断一种特定类型的文件。本节 findext 函数中的 dir 参数表示文件所在目录，exts 参数表示指定多种文件的后缀名列表。
- 第②行比较复杂，表达式 os.path.splitext(x)用于截取文件名和文件的后缀名，并返回一个列表。列表的第 1 个元素是文件名，列表的第 2 个元素是文件的后缀名，表达式 os.path.splitext(x)[1] 会返回文件的后缀名。os.path.splitext(x)[1] in exts 表达式用于判断文件的后缀名是否包含在 exts 列表中。
- 第③行通过 Repaginate 函数重新编排页面，有很多原因会导致页数发生变化，因此在获取页数之前必须重新编排页面。
- 第④行通过 ComputeStatistics 函数返回文件的页数，其中，参数 2 指定获取页数，这些常量也是在 VBA 中定义的，类似的常量还有很多，例如：4 表示段落数；6 表示亚洲语言字符数等。

示例代码运行后，在控制台输出结果如下：

```
文 K12 投资前景分析报告.doc 文件：页数是：2，字符数：207
文 K12 投资前景分析报告.docx 文件：页数是：2，字符数：207
文 temp.docx 文件：页数是：1，字符数：44
文第 1 章 Linux 简介.doc 文件：页数是：1，字符数：722
文第 1 章 Linux 简介.docx 文件：页数是：1，字符数：722
文第 1 章 Linux 简介 2.doc 文件：页数是：1，字符数：722
文证书模板.docx 文件：页数是：1，字符数：29
Game Over！
```

7.2.4 批量转换 Word 文件为 PDF 文件

老板让我将所有 Word 文件都转换为 PDF 文件，而我的 Word 文件不仅有.doc 文件，还有.docx 文件，数量很多。如何批量转换呢？

我们仍然可以通过 pywin32 库实现转换。

扫码看视频

示例代码如下:

```python
# coding=utf-8
# 代码文件：chapter7/ch7.2.4.py
import os

from win32com import client as wc    # 导入模块


# 查找 dir 目录下以 ext 为后缀名的文件列表
# dir 参数表示文件所在目录，exts 参数指定文件的后缀名列表

def findext(dir, exts):
    allfile = os.listdir(dir)
    # 返回过滤器对象
    files_filter = filter(lambda x: os.path.splitext(x)[1] in exts, allfile)
    # 从过滤器对象中提取列表
    list2 = list(files_filter)
    return list2    # 返回过滤后的条件文件名


if __name__ == '__main__':

    # 设置输入目录
    indir = r'C:\...\code\chapter7\data\test\in'
    # 设置输出目录
    outdir = r'C:\...\code\chapter7\data\test\out'

    wordapp = wc.Dispatch("Word.Application")    # 创建 Word 应用程序对象

    # 查找 indir 目录下的所有.doc 文件
    # 通过 findext 函数查找指定目录下的.doc 和.docx 文件
    list2 = findext(indir, ['.doc', '.docx'])

    for name in list2:
        # 将目录和文件名连接起来
        infile = os.path.join(indir, name)
        # 将文件的后缀名.docx 替换为.pdf
        name = name.replace('.docx', '.pdf')
        # 将文件的后缀名.docx 替换为.pdf
        name = name.replace('.doc', '.pdf')
        outfile = os.path.join(outdir, name)
        document = wordapp.Documents.Open(infile)    # 打开 Word 文件    ①
        document.SaveAs(outfile, FileFormat=17)
```

```
    print(outfile, "转换 OK。")
    document.Close(0)         # 关闭 Word 文件
wordapp.Quit()                # 退出 Word 应用

print("Game Over！")
```

代码解释如下。

- 第①行中的 SaveAs 函数用于将 Word 文件另存为 PDF 文件，其中的参数是 17，文件格式与常量的对应关系请参考图 7-7。

第 8 章 演示利器 PPT——操作 PPT 文档

本章讲解如何通过 Python 程序处理 PPT（PowerPoint）文档。

8.1 访问 PowerPoint 文档库——python-pptx 库

扫码看视频

我在办公过程中经常会处理 PPT 文档，如何通过 Python 程序处理 Word 文件呢？

处理 PPT 文档的库主要有如下几种。

（1）python-pptx 库：是应用最普遍的 PPT 文档处理库，其优势是跨平台，可以在 Windows 和 MacOS 平台上处理 PPT 文档，缺点是不能处理老版本的 PPT 文档，只能处理 .pptx 文档，但不能处理 .ppt 文档。

（2）pywin32 库：调用 Windows 底层 API 实现对 PPT 文档的操作，不支持跨平台，只能在

Windows 平台上使用。

安装 python-pptx 库的 pip 指令如下：

pip install   python-pptx

8.1.1 PPT 中的基本概念

PPT 这么简单，还有什么概念需要熟悉呢？

为了在程序中访问 PPT 文档，我们需要了解 PPT 中的概念。PPT 中的基本概念如下。

扫码看视频

（1）PPT 文档：一个 PPT 应用可以启动多个 PPT 文档。

（2）幻灯片：一个 PPT 文档包含多个幻灯片，如图 8-1 所示。

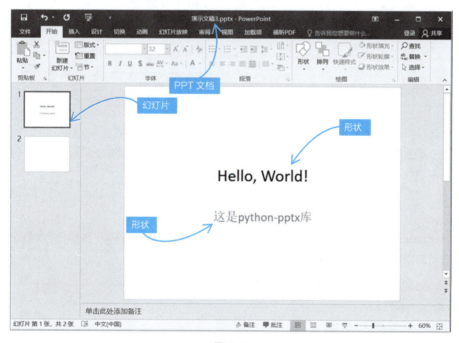

图 8-1

（3）幻灯片母版：通过幻灯片母版可以方便地更换 PPT 文档的主题。一个 PPT 文档可以包含多个幻灯片母版。

（4）幻灯片母版版式：如图 8-2 所示，在幻灯片母版中包含多个版式，版式又被称为排版或布局，用于生成和创建幻灯片页面。

（5）占位符：如图 8-2 所示，在幻灯片母版版式中包含多个占位符。在创建幻灯片时，占位符会被具体内容填充。

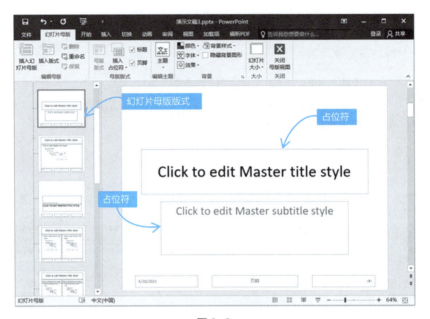

图 8-2

（6）形状：相当于 Photoshop 中图层的概念，形状几乎可以是幻灯片页面中的任何内容，包括图像、边框、表格、图表等。在图 8-1 中包含两种形状，分别是幻灯片的主标题和副标题。另外，母版中的占位符也属于形状的一种。

8.1.2　python-pptx 库中的那些对象

python-pptx 库提供了一些对象用于操作 PPT 文档，这些对象都是与 PPT 文档的相关概念对应的。这些库的主要对象如下。

- Presentation：PPT 文档对象。
- Slide：幻灯片对象。
- Slides：幻灯片对象集合。
- SlideLayout：幻灯片母版的一种版式。
- SlideShape：形状对象。
- SlideShapes：幻灯片形状对象集合。
- SlidePlaceholder：占位符对象。
- Table：表格对象。
- Chart：图表对象。

8.1.3 创建 PPT 文档

python-pptx 库中的概念有点多。举个"栗子"吧！

好，下面使用 python-pptx 库创建一个 PPT 文档，内容如图 8-1 所示。

扫码看视频

示例代码如下：

```python
# coding=utf-8
# 代码文件：chapter8/ch8.1.3.py

# 从 pptx 模块中导入 Presentation 类
from pptx import Presentation

ppt = Presentation()                                  # 创建空的 PPT 文档对象                    ①

# 选择母版中的第 1 个幻灯片版式，它是带标题的版式
title_slide_layout = ppt.slide_layouts[0]                                                    ②

slide = ppt.slides.add_slide(title_slide_layout)      # 在 PPT 中添加一页幻灯片                  ③

title = slide.shapes.title                            # 获取幻灯片的标题                        ④

subtitle = slide.placeholders[1]                      # 获取幻灯片中的第 2 个占位符              ⑤

title.text = "Hello, World!"                          # 设置标题文本

subtitle.text = "这是 python-pptx 库"                 # 设置副标题文本

f = r'data/temp.pptx'

# 保存文件
ppt.save(f)

print('Game Over！')
```

代码解释如下。

- 第①行通过 Presentation 类创建 PPT 文档对象。Presentation 类有两个构造函数，一个是带字符串参数的构造函数，用于打开已经存在的 Word 文件，构造函数的参数是要打开的文件路径；另一个是不带参数的构造函数，用于创建空的 PPT 文档，本例属于此种情况。

- 第②行选择母版中的第 1 个幻灯片版式作为创建幻灯片的母版。表达式 ppt.slide_layouts 可用于获取母版中的所有版式集合。这个模板是 PPT 默认的母版，有 11 个版式，如图 8-3 所示，第 1 个幻灯片版式是带主标题和副标题的版式。
- 第③行按照母版中的第 2 个版式创建一页幻灯片，然后将其添加到 PPT 文档中。返回值 slide 是创建的幻灯片对象。
- 第④行获取幻灯片的标题，它是一个占位符，SlidePlaceholder 对象也是主标题形状对象。
- 第⑤行获取幻灯片中的第 2 个占位符，它也是副标题形状对象。

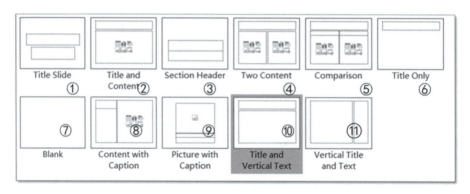

图 8-3

8.1.4　添加更多的幻灯片

 我们刚刚通过程序创建了一个 PPT 文档，如何打开现有的一个 PPT 文档呢？

很简单，使用 Presentation 带参数的构造函数就可以打开。

下面通过一个示例讲解如何添加更多的幻灯片。如图 8-4 所示，在 temp.pptx 文档中添加一个只有标题的幻灯片，并且在该幻灯片中有一个图像。

第 8 章 演示利器 PPT——操作 PPT 文档

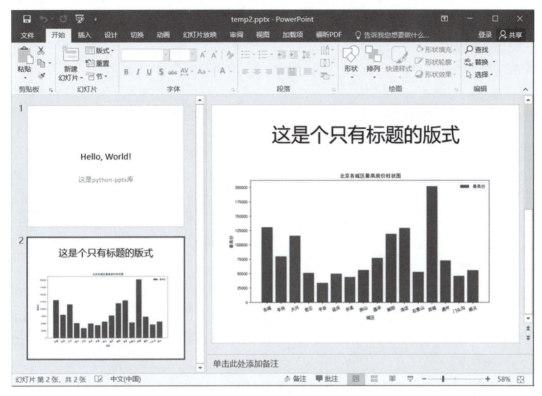

图 8-4

示例代码如下：

```
# coding=utf-8
# 代码文件：chapter8/ch8.1.4.py
from docx.shared import Cm

SLD_LAYOUT_TITLE_ONLY = 5        # 只有标题的版式

from pptx import Presentation

f = r'data/temp.pptx'

ppt = Presentation(f)               # 打开 PPT 文档，参数 f 表示要打开 PPT 文档

# 选择母版中的第 6 个幻灯片版式，该版式是只有标题的版式
title_slide_layout = ppt.slide_layouts[SLD_LAYOUT_TITLE_ONLY]                    ①

print('添加一页幻灯片。')
# 添加一页幻灯片
```

```
slide = ppt.slides.add_slide(title_slide_layout)

# 获取幻灯片的标题
title = slide.shapes.title

# 设置标题文本
title.text = '这是一个只有标题的版式'

image_url = r'data\北京各城区最高房价柱状图.png'

# 在幻灯片中添加图像
slide.shapes.add_picture(image_file=image_url,                    ②
                         left=Cm(0),
                         top=Cm(4.54),
                         width=Cm(25.4),
                         height=Cm(12.7))

# 保存文件
ppt.save(f)

print('Game Over！')
```

代码解释如下。

- 第①行选择母版中的第 6 个幻灯片版式，该版式是只有标题的版式。
- 第②行通过幻灯片形状集合对象（slide.shapes）的 add_picture 函数在幻灯片中添加图像，image_file 参数指定图像的路径；left、top、width 和 height 参数分别是图像的左边距、顶边距、宽度和高度，Cm 表示长度单位厘米。

8.1.5　在 PPT 幻灯片中添加表格

扫码看视频

如何通过 Python 程序在 PPT 幻灯片中添加表格呢？

下面通过一个示例介绍如何添加表格。如图 8-5 所示，在 PPT 文档中追加了只有一个标题的幻灯片，并且在幻灯片中添加了一个表格。

第 8 章 演示利器 PPT——操作 PPT 文档

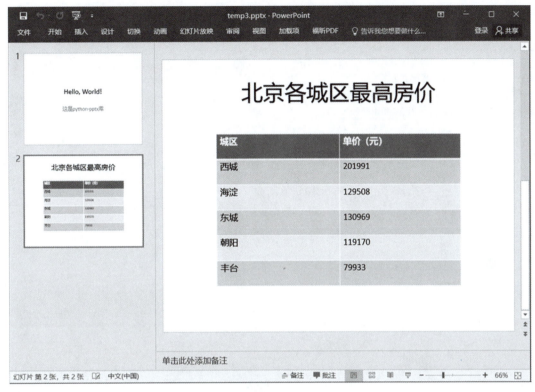

图 8-5

示例代码如下：

```
# coding=utf-8
# 代码文件：chapter8/ch8.1.5.py
from docx.shared import Cm

SLD_LAYOUT_TITLE_ONLY = 5                    # 只有标题的版式

from pptx import Presentation

f = r'data/temp.pptx'
# 打开 PPT 文档
ppt = Presentation(f)

# 选择母版中的第 6 个幻灯片版式，该版式是只有标题的版式
title_slide_layout = ppt.slide_layouts[SLD_LAYOUT_TITLE_ONLY]

print('添加一页幻灯片。')
# 添加一页幻灯片
```

```
slide = ppt.slides.add_slide(title_slide_layout)

title = slide.shapes.title                    # 获取幻灯片的标题

title.text = '北京各城区最高房价'              # 设置标题文本
# 在幻灯片中添加表格
shape = slide.shapes.add_table(rows=6,                                      ①
                               cols=2,
                               left=Cm(3.89),
                               top=Cm(5.21),
                               width=Cm(17.63),
                               height=Cm(10.66))
table = shape.table                           # 返回创建的表格对象

records = [                                   # 表格所需的数据
    ('西城', 201991),
    ('海淀', 129508),
    ('东城', 130969),
    ('朝阳', 119170),
    ('丰台', 79933),
]

hdr_cells = table.rows[0].cells               # 获取表头的所有单元格
hdr_cells[0].text = '城区'                    # 设置表头的第 1 列单元格
hdr_cells[1].text = '单价（元）'              # 设置表头的第 2 列单元格

# 遍历列表 records 对象
for index, value in enumerate(records):                                     ②

    addr_dist, price = value                  # 拆解元组中的元素            ③
    row_cells = table.rows[index + 1].cells   # 获取当前行的所有单元格
    row_cells[0].text = addr_dist             # 设置表头的第 1 列单元格
    row_cells[1].text = str(price)            # 设置当前行的第 2 列单元格

# 保存文件
ppt.save(f)

print('Game Over! ')
```

代码解释如下。

- 第①行通过幻灯片形状集合对象（slide.shapes）的 add_table 函数添加表格，其中，rows 参数用于设置表格的行数；cols 参数用于设置表格的列数；left、top、width 和 height 参数分别表示表格的左边距、顶边距、宽度和高度。

- 第②行遍历列表 records 对象，其中，enumerate 函数不仅可以返回列表的元素值 value，还可以返回元素索引 index。
- 第③行将列表的元素值 value 进行拆解。由于 value 本身是一个元组类型，所以通过拆解操作可以将元组中的所有元素都取出并赋值给不同的变量 addr_dist 和 price。

8.1.6 在 PPT 幻灯片中添加图表

扫码看视频

如何通过程序在 PPT 幻灯片中添加图表呢？

下面通过一个示例介绍如何添加图表。如图 8-6 所示，在 PPT 文档中追加了只有一个标题的幻灯片，并且在幻灯片中添加了一张图表。

图 8-6

示例代码如下：

```
# coding=utf-8
# 代码文件：chapter8/ch8.1.6.py
from docx.shared import Cm

from pptx.chart.data import CategoryChartData
from pptx.enum.chart import XL_CHART_TYPE
```

```python
SLD_LAYOUT_TITLE_ONLY = 5    # 只有标题的版式

from pptx import Presentation

f = r'data/temp.pptx'
# 打开 PPT 文档
ppt = Presentation(f)

# 选择母版中的第 6 个幻灯片版式，该版式是只有标题的版式
title_slide_layout = ppt.slide_layouts[SLD_LAYOUT_TITLE_ONLY]

print('添加一页幻灯片。')
# 添加一页幻灯片
slide = ppt.slides.add_slide(title_slide_layout)

title = slide.shapes.title            # 获取幻灯片的标题

title.text = '北京各城区最高房价'      # 设置标题文本

chart_data = CategoryChartData()

# 设置 x 轴数据
chart_data.categories = ['西城', '海淀', '朝阳', '丰台', '东城']
# 设置 y 轴数据
chart_data.add_series('平均价', (201991, 129508, 130969, 119170, 79933))

# 获取图表对象
shape = slide.shapes.add_chart(chart_type=XL_CHART_TYPE.COLUMN_CLUSTERED, ①
                               x=Cm(3.89),
                               y=Cm(5.21),
                               cx=Cm(17.63),
                               cy=Cm(10.66),
                               chart_data=chart_data)
agechart = shape.chart

x_axis = agechart.category_axis        # x 轴对象

x_axis_title = x_axis.axis_title       # x 轴标题

x_axis_title.text_frame.text = '城区'   # 设置 x 轴标题

y_axis = agechart.value_axis           # y 轴对象
```

```
y_axis_title = y_axis.axis_title                    # y 轴标题

y_axis_title.text_frame.text = '单价（元）'          # 设置 y 轴标题

# 保存文件
ppt.save(f)

print("Game Over")
```

代码解释如下。

- 第①行通过幻灯片形状集合对象（slide.shapes）的 add_chart 函数添加图表，其中，chart_type 参数用于设置图表类型，chart_type=XL_CHART_TYPE.COLUMN_CLUSTERED 用于设置柱状图类型的图表；x 和 y 参数用于设置图表左上角的坐标；cx 和 cy 参数用于设置图表右下角的坐标；chart_data 参数用于设置表格数据。

提示： 使用 python-pptx 库在 PPT 幻灯片中添加图表时依赖于 xlsxwriter 库。先使用 pip 指令安装这个库，安装指令如下：

```
pip install xlsxwriter
```

8.2 解决在工作中使用 PPT 时遇到的实际问题

上一节讲解的理论知识较多，本节讲解在工作中使用 PPT 时遇到的一些实际问题。

8.2.1 批量转换 .ppt 文档为 .pptx 文档

同事给我的 PPT 文档，有新版本的 .pptx 文档，也有老版本的 .ppt 文档，怎样将 .ppt 文档批量转换为 .pptx 文档呢？

仍然借助 pywin32 库！通过使用 pywin32 库操作 PPT 文档，可以将 .ppt 文档转换为 .pptx 文档。注意，pywin32 库只能在 Windows 平台上使用。

扫码看视频

示例代码如下：

```
# coding=utf-8
# 代码文件：chapter8/ch8.2.1.py
import os

from win32com import client as wc    # 导入模块
```

```python
# 查找 dir 目录下以 ext 为后缀名的文件列表
# dir 参数表示文件所在目录，ext 参数表示文件的后缀名

def findext(dir, ext):
    allfile = os.listdir(dir)

    # 返回过滤器对象
    files_filter = filter(lambda x: x.endswith(ext), allfile)
    # 从过滤器对象中提取列表
    list2 = list(files_filter)
    return list2    # 返回过滤后的条件文档名


if __name__ == '__main__':

    # 设置输入目录
    indir = r'C:...\code\chapter8\data\in'
    # 设置输出目录
    outdir = r'C:...\code\chapter8\data\out'

    pptapp = wc.Dispatch('PowerPoint.Application')    # 创建 PPT 应用程序对象

    # 查找 indir 目录下的所有.ppt 文档
    list2 = findext(indir, '.ppt')

    for name in list2:
        infile = os.path.join(indir, name)             # 将目录和文件名连接起来
        name = name.replace('.ppt', '.pptx')
        outfile = os.path.join(outdir, name)
        ppt = pptapp.Presentations.Open(infile)        # 打开 PPT 文档
        ppt.SaveAs(outfile, FileFormat=24)             # 24                            ①

        print(outfile, "转换 OK。")
        ppt.Close()       # 关闭 PPT 文档
pptapp.Quit()             # 退出 PPT 应用

    print("Game Over！")
```

代码解释如下。

- 第①行通过 SaveAs 函数另存 PPT 文档为.pptx 文档，outfile 参数表示要保存的文档名，FileFormat 参数用于设置另存的文档格式，24 表示另存的文档格式是 ppSaveAsOpenXMLPresentation，即.pptx 文档。另外，需要注意保存文档的路径不能为相对路径。

第 8 章 演示利器 PPT——操作 PPT 文档

> **提示：** 另存 PPT 文档时，以常量 24 表示.pptx 文档。如何知道 12 表示的是.pptx 文档呢？可以在如图 8-7 所示的页面找到常量与 PPT 文档格式的对应关系。

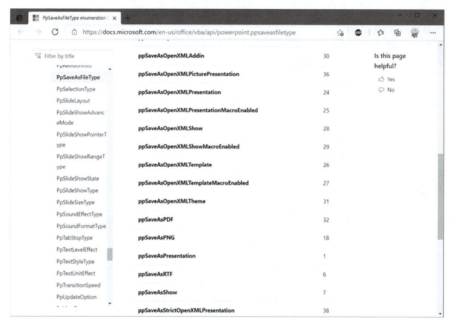

图 8-7

8.2.2 批量转换 PPT 文档为 PDF 文件

我想将 PPT 文档转换为 PDF 文件。PDF 格式很方便，在 MacOS、Linux 等系统甚至手机中，即便不需要安装特殊软件也可以打开。但是由于 PPT 文档有很多，人工转换太耗费时间，也太辛苦！那么如何进行批量转换呢？

这用 pywin32 库也可以转换，方法与 8.2.1 节非常类似。

扫码看视频

示例代码如下：

```
# coding=utf-8
# 代码文件：chapter8/ch8.2.2.py
import os

from win32com import client as wc


# 查找 dir 目录下以 ext 为后缀名的文件列表
```

```python
# dir 参数表示文件所在目录，exts 参数指定文件的后缀名列表
def findext(dir, exts):
    allfile = os.listdir(dir)
    # 返回过滤器对象
    files_filter = filter(lambda x: os.path.splitext(x)[1] in exts, allfile)
    # 从过滤器对象中提取列表
    list2 = list(files_filter)
    return list2   # 返回过滤后的条件文件名


if __name__ == '__main__':

    # 设置输入目录
    indir = r'C:\...\code\chapter8\data\in'
    # 设置输出目录
    outdir = r'C:\...\code\chapter8\data\out'

    pptapp = wc.Dispatch('PowerPoint.Application')   # 创建 PPT 应用程序对象

    # 查找 indir 目录下的所有 PPT 文档
    # 通过 findext 函数查找指定目录下的.ppt 和.pptx 文档
    list2 = findext(indir, ['.ppt', '.pptx'])

    for name in list2:
        infile = os.path.join(indir, name)               # 将目录和文档名连接起来
        name = name.replace('.pptx', '.pdf')
        name = name.replace('.ppt', '.pdf')
        outfile = os.path.join(outdir, name)
        print(outfile)
        ppt = pptapp.Presentations.Open(infile)          # 打开 PPT 文档
        ppt.SaveAs(outfile, FileFormat=32)               # 32 代表 ppSaveAsPDF   ①

        print(outfile, "转换 OK。")
        ppt.Close()   # 关闭 PPT 文档

    pptapp.Quit()   # 退出 PPT 应用

    print("Game Over！")
```

代码解释如下。

- 第①行的 SaveAs 函数用于将 Word 文件另存为 PDF 文件，参数是 32。

第 9 章 操作跨平台的文件格式——PDF 文件

PDF 为可携带文件格式，是 Portable Document Format 的简称，由 Adobe 公司研发。这种文件格式与操作系统平台无关，被广泛应用于办公领域。本章介绍如何通过程序处理 PDF 文件。

9.1 PDF 文件的优势

扫码看视频

老板每次都让我把 Word 等文件转换为 PDF 文件，PDF 文件有什么优势吗？

PDF 文件的优势如下。

（1）占用的内存空间将会减少。将 Word 等文件转换为 PDF 文件后，占用空间会减少，方便网络传输。

（2）支持矢量图像。文件放大或缩小都不影响文件的清晰度。

（3）支持高压缩图像。

（4）支持自带资源。PDF 文件本身可以包含字体等资源，不依赖于操作系统的字体库。

（5）不容易被编辑，编辑 PDF 文件时必须使用专用的工具，这可以在一定程度上防止别人改动文件。

（6）支持安全加密文件，适用于公文环境下文件的流转。

（7）跨平台，在任何支持 PDF 的平台上都可以打开，排版和样式不会混乱和丢失。

9.2 操作 PDF 文件库——PyPDF2 库

在 Python 中可以访问的 PDF 文件库有哪些？

主要有以下两个比较常用的 PDF 文件库。

（1）PyPDF2 库：通过它可以很好地读取、写入、拆分与合并 PDF 文件。

（2）pdfplumber 库：通过它可以更好地读取 PDF 文件的内容和提取 PDF 文件中的表格等信息。

安装 PyPDF2 库的 pip 指令如下：

```
pip install pypdf2
```

9.2.1 PyPDF2 库中的对象

PyPDF2 库比较简单，有 4 个主要类。

- PdfFileReader：PDF 文件读取类，提供了很多属性和函数用于读取 PDF 文件的内容等信息。
- PdfFileMerger：合并 PDF 文件类，可以将多个 PDF 文件合并为一个文件。
- PageObject：表示 PDF 文件中的一个页面对象。
- PdfFileWriter：PDF 文件输出类，提供输出 PDF 文件的相关属性和函数。

9.2.2 读取 PDF 文件的内容

下面使用 PyPDF2 库读取 "xlwings Make Excel Fly.pdf" 文件的内容，如图 9-1 所示。

第 9 章 操作跨平台的文件格式——PDF 文件

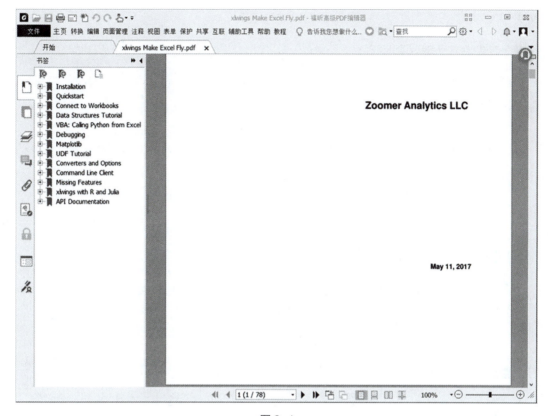

图 9-1

示例代码如下：

```
# coding=utf-8
# 代码文件：chapter9/ch9.2.2.py

from PyPDF2 import PdfFileReader

f = r'data/xlwings Make Excel Fly.pdf'

pdf_reader = PdfFileReader(f)                # 获取一个 PdfFileReader 对象

pageCount = pdf_reader.numPages              # 获取 PDF 文件的页数              ①

print('pageCount：', pageCount)

page = pdf_reader.getPage(0)                 # 获取 PDF 文件的第 1 个页对象 PageObject    ②

text = page.extractText()                    # 提取第 1 页的文本
```

```
print(text)

outlines = pdf_reader.getOutlines()                                            ③

print('Game Over！')
```

代码解释如下。

- 第①行通过 PdfFileReader 对象的 numPages 属性获取 PDF 文件的页数。
- 第②行通过 PdfFileReader 对象的 getPage 函数获取第 1 个页面对象 PageObject，getPage 函数的参数表示页面的索引。
- 第③行通过 PDF 文件 Reader 对象的 getOutlines 函数获取 PDF 文件的大纲。

9.2.3 拆分 PDF 文件

如何拆分 PDF 文件呢？

这里举个例子进行说明。如图 9-2 所示是我们之前生成的 PDF 文件，在该文件中有 4 页内容，我们可以将每一页都拆分为一个 PDF 文件。

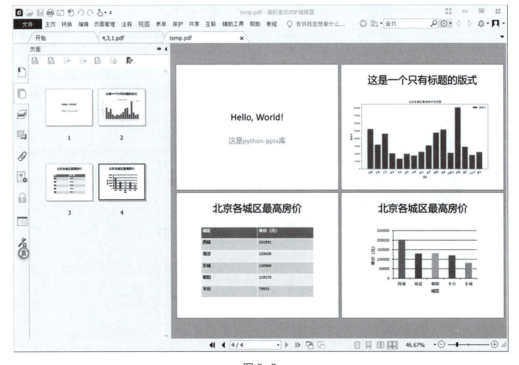

图 9-2

示例代码如下：

```
# coding=utf-8
# 代码文件：chapter9/ch9.2.3.py
import os
# 从 PyPDF2 模块导入 PdfFileReader 和 PdfFileWriter 类
from PyPDF2 import PdfFileReader, PdfFileWriter

# 设置输入目录
indir = r'data\in'
# 设置输出目录
outdir = r'data\out'

infile = os.path.join(indir, 'temp.pdf')

pdfReader = PdfFileReader(infile)

for page_no in range(pdfReader.numPages):                      ①
    page = pdfReader.getPage(page_no)          # 从原始 PDF 文件指定页面的索引中获取页面对象
    pdf_writer = PdfFileWriter()               # 创建 PdfFileWriter 对象
    pdf_writer.addPage(page)                   # 添加页面到 PdfFileWriter 对象中

    file = '{0}.pdf'.format(page_no + 1)
    outfile = os.path.join(outdir, file)

    # 打开文件模式'wb'表示写入二进制文件
    with open(outfile, 'wb') as output_pdf:
        # 通过 PdfFileWriter 对象将数据输出到文件中
        pdf_writer.write(output_pdf)

print('Game Over！')
```

代码解释如下。

- 第①行中的 pdfReader.numPages 表达式用于获取 PDF 文件的总页数，然后进行遍历，其中的 range 函数用于指定一个范围，该范围是 0～PDF 文件的总页数。

示例运行后，会在输出目录下生成 4 个 PDF 文件。

9.2.4 用更多的方法拆分 PDF 文件

我能够从原始 PDF 文件中选择部分页面组成新的 PDF 文件吗？

当然可以，顺序也可以完全与原始文件不同。如图 9-3 所示，PDF 文件只有 3 个页面，来自原始文件的第 4、1 和 3 个页面。

扫码看视频

图 9-3

示例代码如下：

```
# coding=utf-8
# 代码文件：chapter9/ch9.2.4.py
import os

from PyPDF2 import PdfFileReader, PdfFileWriter

# 设置输入目录
indir = r'data\in'
# 设置输出目录
outdir = r'data\out'

infile = os.path.join(indir, 'temp.pdf')

pdfReader = PdfFileReader(infile)
for page_no in range(pdfReader.numPages):
    pdf_writer = PdfFileWriter()
    page = pdfReader.getPage(page_no)
    pdf_writer.addPage(page)
```

```
        file = '{0}.pdf'.format(page_no + 1)
        outfile = os.path.join(outdir, file)
        with open(outfile, 'wb') as output_pdf:
            pdf_writer.write(output_pdf)

print('拆分完成。')

pdf_writer = PdfFileWriter()
pdf_writer.addPage(pdfReader.getPage(3))    # 使用原始 PDF 文件的第 4 页添加
pdf_writer.addPage(pdfReader.getPage(0))    # 使用原始 PDF 文件的第 1 页添加
pdf_writer.addPage(pdfReader.getPage(2))    # 使用原始 PDF 文件的第 3 页添加

file = '4,3,1.pdf'
outfile = os.path.join(outdir, file)
with open(outfile, 'wb') as output_pdf:
    pdf_writer.write(output_pdf)
    print('再次拆分完成。')
```

示例运行后，会在输出目录下生成一个"4,3,1.pdf"文件。

9.2.5 合并 PDF 文件

刚刚介绍了如何拆分 PDF 文件，那么如何合并 PDF 文件呢？

其实合并 PDF 文件并不需要特殊函数，下面通过一个示例介绍如何合并 PDF 文件。

扫码看视频

示例代码如下：

```
# coding=utf-8
# 代码文件：chapter9/ch9.2.5.py
import os

from PyPDF2 import PdfFileReader, PdfFileWriter

# 设置输入目录
indir = r'data\in'
# 设置输出目录
outdir = r'data\out'


# 查找 dir 目录下以 ext 为后缀名的文件列表
# dir 参数表示文件所在目录，ext 参数表示文件的后缀名
```

```
def findext(dir, ext):
    allfile = os.listdir(dir)
    # 返回过滤器对象
    files_filter = filter(lambda x: x.endswith(ext), allfile)
    # 从过滤器对象中提取列表
    list2 = list(files_filter)
    return list2    # 返回过滤后的条件文件名


# 合并 PDF 函数
# namelist 参数表示要合并的文件名，output 参数表示合并后的文件名
def merge_pdfs(namelist, output):
    PDF_writer = PdfFileWriter()

    # 遍历每一个要合并的 PDF 文件
    for name in namelist:
        infile = os.path.join(indir, name)    # 将目录和文件名连接起来
        pdf_reader = PdfFileReader(infile)
        # 遍历 PDF 文件的每一个页面
        for page_no in range(pdf_reader.getNumPages()):
            page = pdf_reader.getPage(page_no)
            # 把页面添加到 PdfFileWriter 对象中
            pdf_writer.addPage(page)

    # 写入文件
    with open(output, 'wb') as out:
        pdf_writer.write(out)


if __name__ == '__main__':
    # 查找 indir 目录下的所有 PDF 文件
    list2 = findext(indir, '.pdf')
    outfile = os.path.join(outdir, '合并后.pdf')    # 将目录和文件名连接起来
    merge_pdfs(list2, output=outfile)
    print('合并完成。')
```

示例运行后，会将输出目录下的所有 PDF 文件都合并为一个文件。

9.2.6 对 PDF 文件批量添加水印

扫码看视频

老板让我将所有 PDF 文件都添加水印，该怎么做呢？

你首先需要制作一个 PDF 水印文件，如图 9-4 所示是我制作的 PDF 水印文件。

第 9 章 操作跨平台的文件格式——PDF 文件

我只会用 Photoshop 制作图像水印。怎么制作 PDF 水印文件呢？

其实很简单，先在 Word 中制作，然后通过 Word 导出 PDF 文件即可。

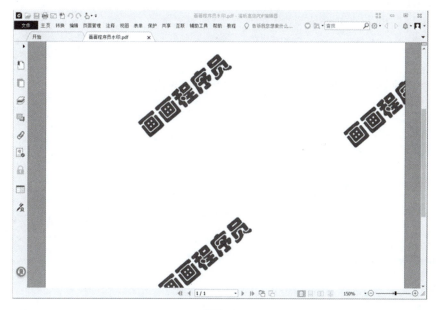

图 9-4

示例代码如下：

```
# coding=utf-8
# 代码文件：chapter9/ch9.2.6.py
import os

import itertools

from PyPDF2 import PdfFileReader, PdfFileWriter

# 设置输入目录
indir = r'data\in'
# 设置输出目录
outdir = r'data\out'


# 查找 dir 目录下以 ext 为后缀名的文件列表
# dir 参数表示文件所在目录，ext 参数表示文件的后缀名
```

```python
def findext(dir, ext):
    allfile = os.listdir(dir)
    # 返回过滤器对象
    files_filter = filter(lambda x: x.endswith(ext), allfile)
    # 从过滤器对象中提取列表
    list2 = list(files_filter)
    return list2   # 返回过滤后的条件文件名


# 添加水印函数
# namelist 参数表示要添加水印的文件名,output 参数表示输出文件名
def add_watermark(namelist):
    # 水印文件
    watermark = r'data/画画程序员水印.pdf'
    # 创建读取 PDF 水印文件的 PdfFileReader 对象
    watermarkpdf_reader = PdfFileReader(watermark)
    # 读取水印文件的第 1 个页面对象
    watermark_page = watermarkpdf_reader.getPage(0)   ①

    # 遍历每一个添加了水印的 PDF 文件
    for name in namelist:
        infile = os.path.join(indir, name)

        outfile = os.path.join(outdir, name)
        pdfF_reader = PdfFileReader(infile)
        pdf_writer = PdfFileWriter()

        # 遍历 PDF 文件的每一个页面
        for page_no in range(pdf_reader.getNumPages()):
            # 获取输入的 PDF 文件的一个页面对象
            page = pdf_reader.getPage(page_no)
            # 给页面添加水印
            page.mergePage(watermark_page)

            # 将数据写入 PDF 文件
            pdf_writer.addPage(page)

        # 写入文件
        with open(outfile, 'wb') as out:
            pdf_writer.write(out)


if __name__ == '__main__':
```

```
# 查找 indir 目录下的所有 PDF 文件
list2 = findext(indir, '.pdf')
add_watermark(list2)
print('添加水印完成！')
```

代码解释如下。

- 第①行读取水印文件的第 1 个页面对象，因此在设计水印 PDF 文件时设计一页即可。

9.2.7 批量加密 PDF 文件

我的 PDF 文件很重要，不希望被人看到，该怎么办呢？

你可以为 PDF 文件设置打开密码。

可以批量添加吗？

可以，加密过程很简单，我们只需对 PdfFileWriter 对象进行加密即可。

示例代码如下：

```
# coding=utf-8
# 代码文件：chapter9/ch9.2.7.py
import os

import itertools

from PyPDF2 import PdfFileReader, PdfFileWriter

# 设置输入目录
indir = r'data\in'
# 设置输出目录
outdir = r'data\out'


# 查找 dir 目录下以 ext 为后缀名的文件列表
# dir 参数表示文件所在目录，ext 参数表示文件的后缀名

def findext(dir, ext):
    allfile = os.listdir(dir)
    # 返回过滤器对象
    files_filter = filter(lambda x: x.endswith(ext), allfile)
```

```python
    # 从过滤器对象中提取列表
    list2 = list(files_filter)
    return list2   # 返回过滤后的条件文件名


# 加密 PDF 函数
# namelist 参数表示要加密的文件列表
def encrypt_pdf(namelist):
    # 遍历每一个要加密的 PDF 文件
    for name in namelist:
        infile = os.path.join(indir, name)

        outfile = os.path.join(outdir, name)
        pdf_reader = PdfFileReader(infile)

        pdf_writer = PdfFileWriter()                                              ①
        pdf_writer.encrypt(user_pwd='qwerty', use_128bit=True)                    ②

        for page_no in range(pdf_reader.getNumPages()):
            # 获取输入的 PDF 文件的一个页面对象
            page = pdf_reader.getPage(page_no)
            pdf_writer.addPage(page)

        # 写入文件
        with open(outfile, 'wb') as out:
            pdf_writer.write(out)


if __name__ == '__main__':
    # 查找 indir 目录下的所有 PDF 文件
    list2 = findext(indir, '.pdf')
    encrypt_pdf(list2)
    print('加密完成！')
```

代码解释如下。

- 第①行创建 PdfFileWriter 对象。
- 第②行通过 PdfFileWriter 对象的 encrypt 函数对 PdfFileReader 对象进行加密。user_pwd 参数用于设置密码，qwerty 是我们设置的密码。use_128bit 参数用于设置加密算法，采用 128 位加密。

9.2.8 批量解密 PDF 文件

怎么实现批量解密 PDF 文件呢？

简单，对 PdfFileReader 对象进行解密即可。

扫码看视频

示例代码如下：

```
# coding=utf-8
# 代码文件：chapter9/ch9.2.8.py
import os

import itertools

from PyPDF2 import PdfFileReader, PdfFileWriter

# 设置输入目录
indir = r'data\in\加密'
# 设置输出目录
outdir = r'data\out'


# 查找 dir 目录下以 ext 为后缀名的文件列表
# dir 参数表示文件所在目录，ext 参数表示文件的后缀名

def findext(dir, ext):
    allfile = os.listdir(dir)
    # 返回过滤器对象
    files_filter = filter(lambda x: x.endswith(ext), allfile)
    # 从过滤器对象中提取列表
    list2 = list(files_filter)
    return list2   # 返回过滤后的条件文件名


# 加密 PDF 函数
# namelist 表示要加密文件的列表
def decrypt_pdf(namelist):
    # 遍历每一个要加密的 PDF 文件
    for name in namelist:
        infile = os.path.join(indir, name)
        outfile = os.path.join(outdir, name)

        pdf_writer = PdfFileWriter()
        pdf_reader = PdfFileReader(infile)
```

```
        if pdf_reader.decrypt('qwerty'):              ①
            print('解密成功!')

            for page_no in range(pdf_reader.getNumPages()):
                # 获取输入的 PDF 文件指定的页面对象
                page = pdf_reader.getPage(page_no)
                pdf_writer.addPage(page)

                # 写入文件
                with open(outfile, 'wb') as out:
                    pdf_writer.write(out)
        else:
            print('解密失败!')
if __name__ == '__main__':
    # 查找 indir 目录下的所有 PDF 文件
    list2 = findext(indir, '.pdf')
    decrypt_pdf(list2)
    print('解密完成。')
```

代码解释如下。

- 第①行通过 PdfFileReader 对象的 decrypt 函数对 PdfFileReader 对象进行解密，该函数的参数表示打开 PDF 文件的密码，qwerty 是 PDF 文件的密码。该函数的返回值如果是 0（或 False），则表示密码不匹配；返回值如果是 1（或 True），则表示密码匹配。

9.2.9 暴力破解 PDF 文件的密码

扫码看视频

 我的 PDF 文件是多年前创建的，已经忘记了当初设置的密码，该怎么办呢？

可以试一下暴力破解！

暴力破解又被称为穷举法，是一种针对密码的破译方法，即将密码逐个进行推算，直到找出真正的密码。具体而言，有以下两种实现方式。

（1）穷举所有可能输入的字符组合，进行匹配尝试，理论上只要有足够的时间，都是可能匹配上的。用具有一般计算能力的计算机破解 6 位密码需要 1 年，破解 8 位密码则需要 19 年！

（2）通过密码本进行破解。密码本是人们习惯使用的由密码构成的密码集合文件，例如很多人都喜欢使用 11111111、88888888、666666、7777777 和 qwer 等作为密码。

示例代码如下：

```python
# coding=utf-8
# 代码文件：chapter9/ch9.2.9.py
import os

from PyPDF2 import PdfFileReader, PdfFileWriter

# 设置输入目录
indir = r'data\in\加密'
# 设置输出目录
outdir = r'data\out'

infile = os.path.join(indir, '1.pdf')
outfile = os.path.join(outdir, '1.pdf')

# 密码本文件
pwd_file = 'passwords.txt'                    ①

with open(pwd_file, 'r', encoding='utf-8') as f:
    lines = f.readlines()

pdf_writer = PdfFileWriter()
# 遍历密码本
for x in lines:
    p1 = x.strip()

    pdf_reader = PdfFileReader(infile)
    if pdf_reader.decrypt(p1):
        print('密码匹配成功!')
        print('用户输入的密码：', p1)

        break    # 退出密码本遍历

for page_no in range(pdf_reader.getNumPages()):
    # 获取输入的 PDF 文件的一个页面对象
    page = pdf_reader.getPage(page_no)
    pdf_writer.addPage(page)

# 写入文件
with open(outfile, 'wb') as out:
    pdf_writer.write(out)

print('解密完成！')
```

代码解释如下。

- 第①行的密码本文件是笔者通过互联网下载的，位于当前程序的目录下。

9.3 解析 PDF 文件库——pdfplumber 库

我想从 PDF 文件中提取更多的信息，应该怎么办？

推荐使用 pdfplumber 库。

我发现 PyPDF2 库的 extractText 函数也可以提取 PDF 文件的文本内容，为什么还要使用 pdfplumber 库呢？

用 PyPDF2 库中的 extractText 函数提取中文字符时会有乱码。另外，用 pdfplumber 库还可以从 PDF 文件中提取表格和图像等内容。

安装 pdfplumber 库的 pip 指令如下：

```
pip install    pdfplumber
```

9.3.1 提取 PDF 文件中的文本信息

现在，我们提取"K12 投资前景分析报告.pdf"文件的内容。

示例代码如下：

```python
# coding=utf-8
# 代码文件：chapter9/ch9.3.1.py

import pdfplumber

f1 = r'data/K12 投资前景分析报告.pdf'

with pdfplumber.open(f1) as pdf:
    print('pdf 文件页数：', len(pdf.pages))    ①
    for page in pdf.pages:
        text = page.extract_text()
        print(text)
```

代码解释如下。

- 第①行中的 pdf.pages 用于返回所有 PDF 页面对象（pdfplumber.page.Page）列表。

9.3.2 提取 PDF 文件中的表格信息

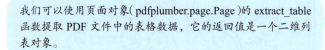

扫码看视频

如何从 PDF 文件中提取表格信息呢？

我们可以使用页面对象（pdfplumber.page.Page）的 extract_table 函数提取 PDF 文件中的表格数据，它的返回值是一个二维列表对象。

示例代码如下：

```python
# coding=utf-8
# 代码文件：chapter9/ch9.3.2.py

import pdfplumber

f1 = r'data/北京各城区房价.pdf'

with pdfplumber.open(f1) as pdf:
    for page in pdf.pages:                    # 遍历 PDF 文件中的所有页面对象
        table = page.extract_table()          # 提取当前页面中的表格

        if table:                             # 判断是否有表格数据

            for x in table:                   # 遍历表格数据
                print(x)
```

示例代码运行后，在控制台输出结果如下：

```
['城区', '单价（元）']
['西城', '201991']
['海淀', '129508']
['东城', '130969']
['朝阳', '119170']
['丰台', '79933']
```

第 10 章　有图有真相——批量处理图像文件

我们在办公时经常需要批量处理图像，本章介绍如何通过 Python 程序批量处理图像文件。

10.1　图像处理库——Pillow 库

我们在第 2 章用到了 Pillow 库，但是使用功能比较有限，听说 Pillow 库的功能很强大，能介绍 Pillow 库的更多功能吗？

Pillow 库是 Python 3 最常用的图像处理库，提供了广泛的图像格式支持及强大的图像处理能力，主要包括：图像存储、图像显示、图像格式转换及基本的图像处理操作。

10.1.1 读取图像文件的信息

如何通过 Pillow 库读取文件信息呢?

下面使用 Pillow 库读取如图 10-1 和图 10-2 所示的 Lenna.jpg 和 "北京各城区最高房价柱状图.png" 文件。

扫码看视频

图 10-1

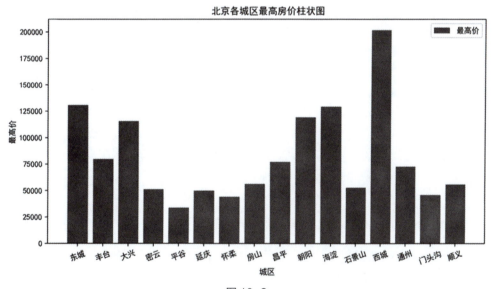

图 10-2

示例代码如下:

```
# coding=utf-8
# 代码文件:chapter10/ch10.1.1.py

# 从 Pillow 库中导入 Image 模块
```

```python
from PIL import Image

f1 = r'images/Lenna.jpg'
f2 = r'images/北京各城区最高房价柱状图.png'


# 打印图像信息函数
def print_image_info(im):
    message = '''
    图像格式: {0}
    图像尺寸: {1}
    图像模式: {2}'''
    # 打印图像信息
    print(message.format(im.format, im.size, im.mode))


if __name__ == '__main__':

    try:
        im = Image.open(f1)       # 打开 Lenna.jpg 文件
        print_image_info(im)
        # 显示图像
        im.show()

        print_image_info(im)

        im.show()   # 显示图像

        im = Image.open(f2)       # 打开"北京各城区最高房价柱状图.png"文件
        print_image_info(im)

        im = im.convert('L')      # 转换图像模式
        print('以 L 模式打开北京各城区最高房价柱状图.png 文件')

        im.show()   # 显示图像
        print_image_info(im)

    except IOError as e:
        print('打开文件失败！')
```

示例代码运行后，在控制台输出结果如下：

```
图像格式: JPEG
图像尺寸: (316, 316)
图像模式: RGB
```

图像格式: JPEG
图像尺寸: (316, 316)
图像模式: RGB

图像格式: PNG
图像尺寸: (2000, 1000)
图像模式: RGBA

以 L 模式打开北京各城区最高房价柱状图.png 文件

图像格式: None
图像尺寸: (2000, 1000)
图像模式: L

代码解释如下。

- 第①行为信息字符串模板，注意，该字符串采用三重单引号将字符串包裹起来，可以包含换行和回车等排版字符。
- 第②行打印图像信息。其中，图像对象 im 的 format 属性是源文件格式，但经过转换后的 format 属性是 None，从运行结果可见；im.size 属性返回源文件的大小，它是一个元组类型；im.mode 属性返回源文件模式，从运行结果可见，默认打开的 Lenna.jpg 文件的模式是 RGBA，默认打开的"北京各城区最高房价柱状图.png"文件的模式是 RGB。RGB 表示图像采用三通道真彩色显示，没有 A 通道（即没有 Alpha 通道），不支持透明显示。
- 第③行转换图像模式为 L 模式，L 模式指对图像进行灰度化处理。

10.1.2 我想要 png 文件——批量转换图像格式

怎样将所有图像都转换为 png 格式呢？

转换图像格式，其实是通过图像对象 Image 的保存函数 save 实现的。

扫码看视频

示例代码如下：

```
# coding=utf-8
# 代码文件：chapter10/ch10.1.2.py
import os

from PIL import Image

# 设置输入目录
indir = r'images\in'
# 设置输出目录
outdir = r'images\out'
```

```python
if __name__ == '__main__':

    # 查找 indir 目录下的所有文件
    allfile = os.listdir(indir)

    for name in allfile:
        infile = os.path.join(indir, name)

        # 去掉文件的后缀名，提取文件名
        filename = os.path.splitext(name)[0]
        # 添加文件的后缀名
        filename = filename + '.png'
        outfile = os.path.join(outdir, filename)
        try:
            # 打开图像文件
            im = Image.open(infile)
            # 保存文件，指定文件格式为 png，执行文件格式转换
            im.save(outfile, 'png')                    ①
            print('保存{0}文件成功。'.format(name))

        except IOError as e:
            print(e)
            print('打开{0}文件失败！'.format(name))
            # 继续转换下一个文件
            continue

print('转换完成！')
```

代码解释如下。

- 第①行通过 save 函数保存文件，其中，第 1 个参数表示文件名，第 2 个参数表示转换后的文件格式。

10.1.3　批量设置图像的大小

扫码看视频

我获取的图像有很多，图像大小不统一，而老板要的图像都是 500 像素×500 像素的。

Image 对象提供了 resize 函数，可用于重新设置图像的大小，但如果要求将其统一为 500 像素×500 像素，则可能会导致图像高宽比失真！

保证原始图像高宽比为 1:1，就应该没有问题了吧！

是的。

示例代码如下：

```python
# coding=utf-8
# 代码文件：chapter10/ch10.1.3.py
import os

from PIL import Image

# 设置输入目录
indir = r'images\in'
# 设置输出目录
outdir = r'images\out'

if __name__ == '__main__':

    # 查找 indir 目录下的所有文件
    allfile = os.listdir(indir)

    for name in allfile:
        infile = os.path.join(indir, name)
        outfile = os.path.join(outdir, name)

        try:
            # 打开图像文件
            im = Image.open(infile)
            # 重新设置图像的大小
            w = 500              # 指定图像宽度
            h = 500              # 指定图像高度
            factor = 0.5         # 指定缩放因子

            # w = round(im.size[0] * factor)                 ①
            # h = round(im.size[1] * factor)                 ②

            resized_im = im.resize((w, h))                   ③
            # 保存图像
            resized_im.save(outfile)

        except IOError as e:
            print(e)
```

```
            # 继续转换下一个文件
            continue

print('转换完成!')
```

代码解释如下。

- 第①行根据缩放因子计算图像的宽度,其中 round 是四舍五入函数。
- 第②行根据缩放因子计算图像的高度。
- 第③行通过 Image 模块的 resize 函数设置图像的大小,其参数是一个二元组,二元组的第 1 个元素是要设置的图像宽度,二元组的第 2 个元素是要设置的图像高度。

提示:在示例运行后将输出 500 像素×500 像素的图像,如图 10-3 所示,可见有些图像的高宽比已经失真了。另外,如果想按比例缩放图像,则需要一个缩放因子。第③行用于设置一个缩放因子,本例并不需要这个缩放因子,如果读者需要按比例缩放图像,则可以使用缩放因子。

图 10-3

第 10 章　有图有真相——批量处理图像文件

扫码看视频

10.2　旋转图像

我想旋转图像，使用 Pillow 库是否可以实现呢？

可以，使用 Pillow 库不仅可以旋转图像，还可以翻转图像。

如图 10-4(a)所示是原始的 Lenna 图像，如图 10-4(b)所示是水平翻转后的 Lenna 图像，如图 10-4(c)所示是接着旋转 90°后的 Lenna 图像。

(a)　　　　　　　　　　　(b)　　　　　　　　　　　(c)

图 10-4

示例代码如下：

```
# coding=utf-8
# 代码文件：chapter10/ch10.2.py

from PIL import Image

# 原始图像
f = 'images/Lenna.jpg'

if __name__ == '__main__':
    try:

        im = Image.open(f)                          # 打开图像文件

        im.show()                                   # 显示图像
        im2 = im.transpose(Image.FLIP_LEFT_RIGHT)   # 显示翻转后的图像    ①
```

·225·

```
        im2.show()
        im3 = im.transpose(Image.ROTATE_90)                                    ②

        im3.show()                                          # 显示旋转后的图像

    except IOError as e:
        print(e)

print('转换完成！')
```

代码解释如下。

- 第①行通过 Image 模块的 transpose 函数翻转图像，其中，FLIP_LEFT_RIGHT 参数表示水平翻转，类似的还有 FLIP_TOP_BOTTOM（垂直翻转）、ROTATE_90、ROTATE_180 和 ROTATE_270 等参数。
- 第②行将图片翻转 90°。

10.3 添加水印

老板让我为图像添加水印，使用 Pillow 库怎么实现呢？

下面通过一个示例进行介绍。

如图 10-5 所示为在图像中添加水印后的效果。

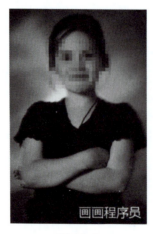

图 10-5

示例代码如下：

```python
# coding=utf-8
# 代码文件：chapter10/ch10.3.py

from PIL import Image
from PIL import ImageDraw
from PIL import ImageFont

f = 'images/gp15005.jpg'                          # 原始图像

text = "画画程序员"                                # 水印文本

# 水印文本字体
ft = ImageFont.truetype(r'C:\WINDOWS\Fonts\msyh.ttc', 24)     ①

if __name__ == '__main__':
    im = Image.open(f)                            # 打开图像文件

    draw = ImageDraw.Draw(im)                     # ImageDraw 对象

    width, height = im.size                       # 获取原始图像的宽度和高度

    textwidth, textheight = draw.textsize(text, ft)   # 获取文本的宽度和高度     ②

    margin = 10                                   # 设置空白，距离底边框和右边框 10 像素

    x = width - textwidth - margin                # 获取 x 轴坐标
    y = height - textheight - margin              # 获取 y 轴坐标

    # 绘制水印
    draw.text((x, y), text,
              fill=(255, 255, 0),                                         ③
              font=ft)
    im.show()                                     # 显示图像
```

代码解释如下。

- 第①行通过 ImageFont 模块的 truetype 函数创建字体对象。truetype 函数的参数是字体文件路径，参数 24 是字体大小。
- 第②行通过调用 draw 对象的 textsize 函数获取文本的宽度和高度，返回值被放到一个二元组中，其中的第 1 个元素是文本的宽度，第 2 个元素是文本的高度。

- 第③行通过 draw 对象的 text 函数在原始图像上绘制文本，实现添加水印的效果，第 1 个参数(x, y)是一个二元组，用于指定绘制文本的左上角坐标；第 2 个参数 text 表示要绘制的文本；第 3 个参数 fill 用于设置文本的颜色；第 4 个参数 font 用于设置文本字体。

10.4 生成各种各样的"码"

我们在生活中会见到各种各样的"码"，如何生成这些"码"呢？

生活中常用的"码"有以下两种。

（1）条码（barcode）：也被称为一维条形码、一维码，指将宽度不等的多个黑条和空白，按照一定的编码规则排列，用于表达一组信息的图形标识符，主要用于产品管理、物流管理、图书管理和仓储管理等领域。

（2）二维码：也被称为二维条形码，有 PDF 文件 417 码、QR 码、汉信码、颜色条码、EZ 码和 Aztec 码等。其中，QR 码是最常见的二维码。二维码比条码记载的数据量更多，而且可以记载更复杂的数据，比如图像链接、网络链接等。

10.4.1 批量生成二维码

如何通过程序生成二维码呢？

在 Python 中生成二维码的库有很多，qrcode 库是目前使用最广泛的二维码生成库。

安装 qrcode 库的 pip 指令如下：

```
pip install    qrcode
```

如图 10-6 所示是图书信息，需要将其中的销售网址生成二维码，并按照文件名保存。

第 10 章　有图有真相——批量处理图像文件

图 10-6

示例代码如下：

```
# coding=utf-8
# 代码文件：chapter10/ch10.4.1.py
import os

# 导入 qrcode 库
import qrcode
import xlwings as xw

# 设置输出目录
outdir = 'images\out'


# 生成二维码函数
# data 参数，为在二维码中保存的数据
# filename 参数，为生成的二维码文件名
def gen_qrcode(data, filename):
    outfile = os.path.join(outdir, filename)

    # 创建二维码对象
    qr = qrcode.QRCode(error_correction=qrcode.constants.ERROR_CORRECT_Q)      ①

    qr.add_data(data)                                    # 将数据写入二维码对象中   ②

    img = qr.make_image(fill_color="blue")               # 生成二维码对象         ③

    with open(outfile, 'wb') as f:
```

·229·

```python
            img.save(f)                                    # 保存二维码图像
            print('生成二维码{0}文件。'.format(filename))


if __name__ == '__main__':
    app = xw.App(visible=False, add_book=False)
    excel_file = 'data/图书信息.xlsx'
    wb = app.books.open(excel_file)

    sheet1 = wb.sheets[0]
    rng = sheet1.range('D2:F6')
    # 获取所有行对象
    rows = rng.rows

    # 遍历选择单元格区域的所有行
    for current_row in rows:
        # 读取 URI 网址列数据
        url = current_row[0].value
        # 读取文件名列数据
        filename = current_row[2].value

        # 调用 gen_qrcode 函数生成二维码图像
        gen_qrcode(url, filename)

    # 关闭工作簿对象
    wb.close()
    # 退出 Excel 应用程序
    app.quit()

    print('任务完成！')
```

代码解释如下。

- 第①行通过 qrcode.QRCode 函数创建二维码对象，error_correction 参数指定二维码的容错系数，可以控制二维码的错误纠正能力，它有 4 个系数：ERROR_CORRECT_L，7%的字码可被容错；ERROR_CORRECT_M，15%的字码可被容错；ERROR_CORRECT_Q，25%的字码可被容错；ERROR_CORRECT_H，30%的字码可被容错。
- 第②行通过 qr.add_data 函数将数据写入二维码对象。
- 第③行通过 qr.make_image 函数生成二维码对象，此时二维码已经生成但是并没有保存，fill_color 参数用于设置二维码的填充颜色。

10.4.2 批量生成条码

老板希望将公司的图书都管理起来,需要将图书的 ISBN 编号打印成条码粘贴在书的封底,我需要批量生成这些图书的 ISBN 码。

好的,下面就讲讲如何生成这些 ISBN 码。

扫码看视频

ISBN 码是条码的一种,条码还可以分为 EAN 码、39 码、25 码、UPC 码、128 码、93 码、ISBN 码和 Codabar 码(库德巴码)等。下面分别介绍一些常用的条码。

- EAN 码、UPC 码:商品条码,用于在世界范围内唯一标识一种商品。
- 39 码:可采用数字与字母共同组成的方式,被广泛应用于各行业的内部管理中。
- 25 码:在物流管理中应用较多。
- ISBN 码:用于图书管理。
- Codabar 码:用于血库、包裹等的跟踪和管理。

在 Python 中生成条码的库是 python-barcode 库,安装该库的 pip 指令如下:

```
pip install python-barcode
```

能给举个"栗子"吗?

能,如图 10-6 所示,在图书信息中有 ISBN 编号,我们根据这个编号生成条码图像。

示例代码如下:

```
# coding=utf-8
# 代码文件:chapter10/ch10.4.2.py
import os

# 导入 python-barcode 库
import barcode
import xlwings as xw
from barcode.writer import ImageWriter

# 设置输出目录
outdir = 'images\out'

# 查看 python-barcode 库支持的条码格式
print(barcode.PROVIDED_BARCODES)       ①



# 生成条码函数
```

```
# data 参数，表示在条码中要保存的数据
# filename 参数，表示生成的条码文件名
def gen_qrcode(data, filename):
    outfile = os.path.join(outdir, filename)

    # 获取编码类
    ISBN = barcode.get_barcode_class('isbn')        ②

    # 创建条码对象
    my_code = ISBN(data, writer=ImageWriter())      ③

    my_code.save(outfile)
    print('生成条码{0}文件。'.format(filename))


if __name__ == '__main__':
    app = xw.App(visible=False, add_book=False)
    excel_file = 'data/图书信息.xlsx'
    wb = app.books.open(excel_file)

    sheet1 = wb.sheets[0]
    rng = sheet1.range('D2:F6')
    # 获取所有行对象
    rows = rng.rows

    # 遍历选择单元格区域的所有行
    for current_row in rows:
        # 读取 URI 网址列数据
        url = current_row[0].value
        # 读取文件名列数据
        filename = current_row[2].value

        # 调用 gen_qrcode 函数生成条码图像
        gen_qrcode(url, filename)

    # 关闭工作簿对象
    wb.close()
    # 退出 Excel 应用程序
    app.quit()

    print('任务完成！')
```

代码解释如下。

- 第①行打印 python-barcode 库,支持条码格式。其中 barcode.PROVIDED_BARCODES 可用于获取所有 python-barcode 库支持的条码格式。
- 第②行通过编码格式名获取对应的编码处理类。
- 第③行创建编码处理对象,其中的 data 参数表示在条码中保存的数据信息,writer 参数表示一个图像输出对象。

第 11 章　坐在旁边喝点茶——RPA（机器人流程自动化）

RPA 是机器人流程自动化（Robotic Process Automation）的简称，模仿人操作计算机程序完成工作。例如，可以通过 RPA 技术操作微信或 QQ 程序，自动与好友聊天。

扫码看视频

11.1　自动化 Windows GUI 库——pywinauto 库

能介绍一下 Python 中的 RPA 库吗？

当然。其实，我们在第 2 章中使用的 Selenium 库就是 RPA 库的一种。

RPA 库的分类如下。

- 基于 Web 应用的 RPA 库：通过操作 Web 浏览器来实现 RPA，对应的 Python 库有 Selenium 等。

- 基于 Windows GUI 应用的 RPA 库：通过操作 Windows GUI 应用实现 RPA，对应的 Python 库有 pywinauto 等。

安装 pywinauto 库的 pip 指令如下：

pip install pywinauto

11.1.1 如何使用 pywinauto 库

扫码看视频

我都迫不及待了，赶快介绍如何使用 pywinauto 库吧！

先别急，在介绍如何使用 pywinauto 库之前，我们需要了解一下 pywinauto 库支持的 Windows 应用程序。

pywinauto 库支持的 Windows GUI 应用类型如下。

- win32 类型：为采用 MFC、VB6、VCL 和 WinForm 控件等技术开发的老 Windows GUI 应用。
- uia 类型：为采用微软自动化接口技术开发的 GUI 应用，比如 WinForm、WPF、Qt5 等，以及一些浏览器等。

能举个"栗子"吗？

好，我们可以使用 pywinauto 库启动 Windows 的记事本应用（notepad.exe），先通过记事本应用的菜单打开如图 11-1 所示的"关于"记事本""对话框，然后单击"确定"按钮关闭对话框，最后通过组合键 Alt+F4 退出记事本应用。

图 11-1

示例代码如下：

```python
# coding=utf-8
# 代码文件：chapter11/ch12.1.1.py
import time

# 从 pywinauto 模块导入 Application 类
from pywinauto import Application
# 从 pywinauto.keyboard 模块导入 send_keys 函数
from pywinauto.keyboard import send_keys

# 创建 Application 应用程序对象
app = Application(backend='win32').start('notepad.exe')        ①

dlg = app.window(class_name='Notepad')                         ②

# 模拟选择菜单 "文件" -> "另存为"
dlg.menu_select('帮助->关于记事本')                              ③

# 获取弹出的"关于"记事本""窗口
dlg2 = app["关于"记事本""]                                      ④
# 或 dlg2 = app.window(title="关于"记事本"")

time.sleep(1)          # 休眠 1 秒                              ⑤

btn_ok = dlg2['确定']   # 获取"确定"按钮对象                     ⑥

btn_ok.click()         # 单击"确定"按钮

time.sleep(1)          # 休眠 1 秒
# 按下 ALT + F4 组合键，关闭当前记事本窗口
send_keys('%{F4}')                                             ⑦
```

代码解释如下。

- 第①行创建 Application 应用程序对象，然后启动记事本程序，其构造函数(backend='win32')用于初始化应用程序对象，其中，backend 参数用于设置 pywinauto 所支持应用程序的类型，backend 的取值有 win32 和 uia，默认值是 win32。应用程序对象调用 start('notepad.exe')函数启动记事本应用，打开记事本窗口，应用程序路径也可以采用绝对路径。
- 第②行通过应用程序对象 app 的 window 函数查找窗口对象，由于同时运行的窗口有很多，因此需要指定查找窗口对象的条件,函数中的 class_name='Notepad'指定窗口的类名(class_name) 属性为'Notepad'。事实上，查找窗口还有很多其他属性可以使用，例如窗口标题 title 等。
- 第③行通过 menu_select 函数调用菜单。

- 第④行查找刚刚打开的"关于"记事本""窗口对象，其中"关于"记事本""是标题窗口的标题名，所以 dlg2 = app["关于"记事本"]语句可被替换为 dlg2 = app.window(title="关于"记事本")。
- 第⑤行 time.sleep(1)休眠当前线程 1 秒,休眠时,当前操作停止,这样模拟人工操作会更加逼真、形象。
- 第⑥行从窗口对象 dlg2 中查找标题为"确定"的控件对象，这个控件是一个按钮。
- 第⑦行通过 send_keys 函数模拟敲击键盘。"'%{F4}'"参数表示按下 ALT + F4 组合键，如果是 Ctrl 键，则使用"^"符号表示。

我怎么知道 pywinauto 操作的 GUI 应用程序采用的是 win32 模式还是 uia 模式呢？

可以使用微软的自动化开发工具包中的 Inspect.exe 工具进行检测。

使用 Inspect.exe 工具进行检测的步骤如下。

（1）启动 Inspect，双击 Inspect.exe 启动工具，如图 11-2 所示，在左上角的下拉列表中选择检测应用程序的模式为 UIAutomation。

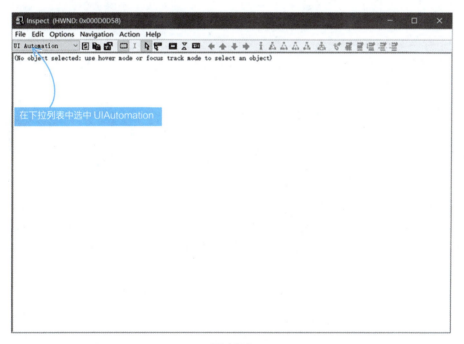

图 11-2

（2）选择要检测的 GUI 应用。双击要检测的应用，使其为活动状态，然后会看到在 Inspect 工具窗口中展示出被检测的应用程序信息。

（3）找到 FrameworkId 属性，如图 11-3 所示，如果 FrameworkId 的属性为 Win32，则该应用 GUI 采用了 win32 模式，否则采用了 uia 模式。

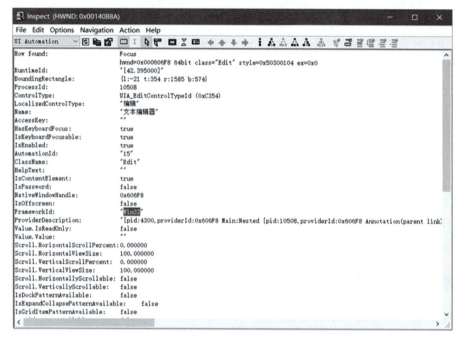

图 11-3

 如何查找 GUI 窗口及窗口中的控件呢？

可以通过它们的一些属性来查找，使用微软的自动化开发工具包中的 UISpy 和 SPYXX 等工具进行检测和查找，就可以知道它们有哪些属性。

UISpy 很常用，下面重点介绍 UISpy 的用法。使用 UISpy.exe 工具的步骤：启动 UISpy，双击 UISpy.exe 启动工具，如图 11-4 所示，左侧是控件树窗口，在此窗口中可以选择 GUI 应用的窗口及其中的控件，右侧是控件的属性窗口。注意，在选中控件时，在控件周围会有一个框框（红色的），如图 11-5 所示。

第 11 章 坐在旁边喝点茶——RPA（机器人流程自动化）

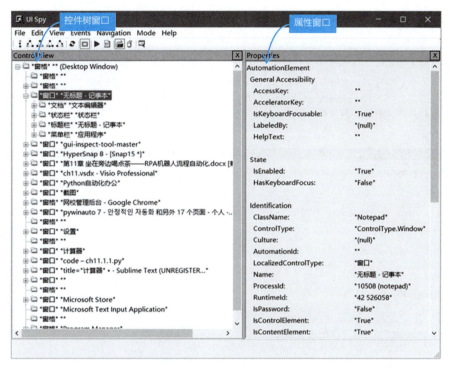

图 11-4

图 11-5

11.1.2 在记事本中自动输入信息

刚刚的示例太简单,能给一个复杂的示例吗?

可以。先使用 pywinauto 库启动 Windows 自动的记事本应用程序(notepad.exe),如图 11-6 所示,然后模拟人工输入文本信息,最后保存文件并退出。

图 11-6

示例代码如下:

```
# coding=utf-8
# 代码文件:chapter11/ch11.1.2.py
import os
import time

from pywinauto import Application
from pywinauto.keyboard import send_keys

# 文件名
fname = 'K-12 学生信息系统市场现状及投资前景分析报告.txt'

# 输入的文本信息
input_txt = '本报告研究全球及中国市场 K-12 学生信息系统现状及未来发展趋势,侧重分析全球及中国市场的主要企业,同时对比北美、欧洲、中国、亚太及南美等地区的现状及未来发展趋势。'

app = Application().start('notepad.exe')

# 查找记事本应用窗口
dlg = app['无标题 - 记事本']                    ①

# 获取记事本输入控件
edit_ctl = dlg.child_window(class_name="Edit")  ②
# 在输入控件中模拟键盘输入文本
edit_ctl.type_keys(input_txt)

time.sleep(2)          # 当前休眠 2 秒
```

```
# 模拟选择菜单 "文件" -> "另存为"
dlg.menu_select('文件 -> 保存(&S)')

# 获取弹出的"另存为"窗口
dlg2 = app['另存为']                                    ③

# 弹出"另存为"对话框
dlg2.Edit.set_edit_text(fname)                          ④

time.sleep(5)                   # 休眠 5 秒

btn_save = dlg2['保存(&S)']      # 获取"保存"按钮对象
# 单击"保存"按钮
btn_save.click()
# 休眠 5 秒
time.sleep(5)

# 按下 ALT + F4 组合键,关闭当前记事本窗口
send_keys('%{F4}')   # (Alt+F4)
```

代码解释如下。

- 第①行通过标题名'无标题 – 记事本'查找记事本窗口。
- 第②行查找窗口中的 Edit(输入控件)。dlg.child_window 函数用于在 dlg 窗口中查找控件,class_name 参数表示控件类名。
- 第③行获取弹出的"另存为"窗口。因为在保存文件时会弹出如图 11-7 所示的"另存为"对话框,为了操作"另存为"对话框中的控件,需要获取"另存为"对话框对象。
- 第④行在"另存为"对话框的文件名输入控件中输入文件名。其中,dlg2.Edit 函数用于获取文本输入控件,set_edit_text(fname)函数用于输入文本内容,即文件名。

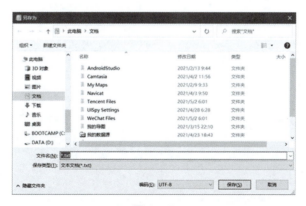

图 11-7

扫码看视频

11.2 微信客服机器人

快帮帮我，老板让我使用 pywinauto 库开发微信客服机器人程序，我虽然学了 pywinauto 库，但还是无从下手啊！

实现功能齐备的微信客服应用，代码量太大，也不利于我们学习。

那我们只实现一些核心功能吧！我回去之后再扩展。

好。现在，我们只针对特定客户实现客服功能，并按照如图 11-8 所示的客服话术表回答问题。

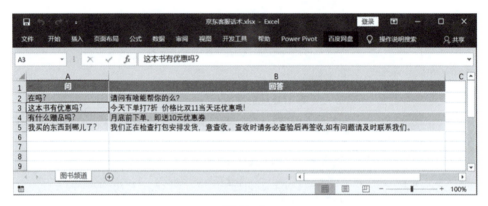

图 11-8

示例代码如下：

```
# coding=utf-8
# 代码文件：chapter11/ch11.2.py

import threading
import time

# 通过 psutil 模块可以获得系统的进程信息
import psutil
import pywinauto
import xlwings as xw

last_message = None    # 保存最后的微信消息
```

```python
dialogue_skill = None    # 保存客服话术数据

''' 根据问题返回答案函数 '''


def QA(q):
    for value in dialogue_skill:

        if value[0] == q:
            return value[1]


''' 读取客服话术数据函数 '''


def readData():
    global dialogue_skill
    app = xw.App(visible=False, add_book=False)
    excel_file = 'data/京东客服话术.xlsx'
    wb = app.books.open(excel_file)

    sheet1 = wb.sheets[0]
    rng = sheet1.range('A1').current_region

    dialogue_skill = rng.value

    print(dialogue_skill)

    wb.close()   # 关闭工作簿对象

    app.quit()   # 退出 Excel 应用程序

    """ 微信工作函数 """


def go(app):
    win = app.window(title='微信')
    chat_list = win.child_window(control_type='List', title='消息')
    item = chat_list[-1]
    text = item.window_text().strip()
    print(text)
    answer = QA(text)
    if answer is not None:
```

```
            item.type_keys(answer)    # 输入回复的消息
            time.sleep(1)
            pywinauto.keyboard.send_keys('%{S}')


def thread_body():
    """ 线程体函数"""
    global last_message

    while True:
        for proc in psutil.process_iter():                                      ①
            pinfo = proc.as_dict(attrs=['pid', 'name'])                         ②
            if 'WeChat.exe' == pinfo['name']:

                # 获得微信的进程 ID
                PID = pinfo['pid']                                              ③
                try:
                    # 通过 Win32 模式访问微信
                    app = pywinauto.Application(backend='win32').connect(process=PID)   ④
                    # 调用 go 函数开始工作
                    go(app)

                # 异常处理
                except:

                    # 在发生异常时通过 UIA 模式访问微信
                    app = pywinauto.Application(backend='uia').connect(process=PID)     ⑤
                    # 调用 go 函数开始工作
                    go(app)

                continue
        time.sleep(1)    # 休眠 1 秒继续执行


if __name__ == '__main__':
    readData()    # 读取话术数据

thread = threading.Thread(target=thread_body)    # 创建线程对象
thread.start()    # 启动线程


""" 微信工作函数 """
```

```
def go(app):
    win = app.window(title='微信')                                          ⑥
    chat_list = win.child_window(control_type='List', title='消息')
    item = chat_list[-1]
    text = item.window_text().strip()                                      ⑦
    print(text)
    answer = QA(text)
    if answer is not None:
        item.type_keys(answer)    # 输入回复的消息
        time.sleep(1)
        pywinauto.keyboard.send_keys('%{S}')
```

代码解释如下。

- 第①行中的 psutil.process_iter 函数用于获取操作系统的所有进程信息。获取进程信息是通过第 3 方库 psutil 实现的，因此在使用之前应该先安装 psutil 库。
- 第②行提取 proc 中的 PID（进程 ID）和进程名属性。
- 第③行获取微信的 PID，但此时的进程 ID 并不一定是我们需要的当前微信程序的 PID。
- 第④行通过 Win32 模式访问微信程序并创建 App 对象。其中，connect 函数用于连接已经启动的 GUI 程序；process 参数用于指定连接的 GUI 程序的进程 ID。
- 第⑤行指定在发生异常时通过 UIA 模式访问微信并创建 App 对象。
- 第⑥行查询微信的聊天窗口，如图 11-9 所示。
- 第⑦行获取微信的聊天窗口（如图 11-10 所示）的最后一条消息。其中，item 是最后一条消息对象；item.window_text 函数用于返回消息的文本信息；strip 函数用于去除前后空格。

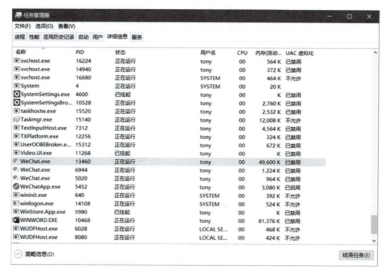

图 11-9

- 第⑥行获取微信聊天窗口（如图 11-10 所示）的最后一条消息，其中，item 是最后一条消息对象，item.window_text()用于返回消息文本信息，strip 函数用于去除前后空格。

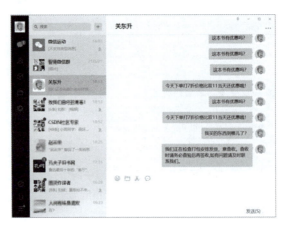

图 11-10

> 提示：测试运行示例的步骤：启动微信→打开聊天窗口（见图 11-10）→启动并运行微信机器人程序。

第 12 章 给你的程序穿上"马甲"——使用 GUI 库

我们之前编写的 Python 程序输入和输出的都是字符形式,都是在 Window 命令提示符中运行的,看到的都是黑乎乎的终端窗口,这样用户体验不好,而图形用户界面(Graphical User Interface,GUI)的用户体验很好。在 Python 中,图形用户界面的库有多种,较为突出的有 Tkinter、PyQt 和 wxPython,本章介绍 Tkinter。

12.1 为什么选择 Tkinter

Python 既然有很多 GUI 库,那我们为什么选择 Tkinter 呢?

Tkinter 的优势如下。

(1)不需要额外安装:Tkinter 是 Python 官方提供的图形用户界面开发工具包,不需要额外安装软件包。

（2）跨平台：Tkinter 是跨平台的，可以在大多数 UNIX、Linux、Windows 和 MacOS 平台上运行，Tkinter 在 8.0 版本之后可以实现本地窗口风格，如图 12-1 所示。

（3）简单：Tkinter 所包含的控件较少，适合开发简单的图形用户界面，但完全可以满足自动化办公的需要。

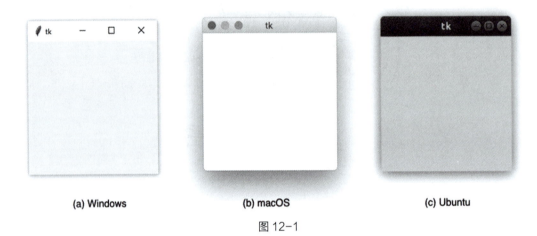

图 12-1

12.1.1 编写第一个 Tkinter 程序

听你一说，我觉得 Tkinter 非常适合我们自动化办公使用，因为我们在办公时经常需要一些 GUI 小程序。那我们开始学习吧！

好，下面实现如图 12-2 所示的窗口界面！该界面很简单，有一个按钮和一个标签，共两个控件。

图 12-2

示例代码如下：

```
# coding=utf-8
# 代码文件：chapter12/ch12.1.1.py

# 导入 tkinter 模块
import tkinter as tk
# tk 类创建 tkinter 顶级控件
```

```
window = tk.Tk()                                                          ①
window.geometry('320x100')              # 设定窗口的大小（宽度 x 高度）      ②
window.title('我的第 1 个 Tkinter 程序！')
label = tk.Label(window, text='Hello, Tkinter')    # 创建标签对象           ③
button = tk.Button(window, text='OK')              # 创建按钮对象           ④
label.pack()                                                               ⑤
button.pack(side=tk.BOTTOM)                                                ⑥
window.mainloop()                       # 将窗口对象加入主事件循环         ⑦
```

代码解释如下。

- 第①行通过 tk 类创建 tkinter 顶级控件，顶级控件包含其他控件的根容器控件，通常是应用的主窗口。
- 第②行通过窗口对象 window 的 geometry 函数设置宽度为 210、高度为 100 的窗口，注意，'320x100'中的"x"是小写英文字母 x。
- 第③行创建 tkinter 的 Label 标签对象。Label 构造函数中的 window 参数用于指定控件所在的父容器，text 参数用于设置标签显示的文本。
- 第④行创建 tkinter 的 Button 按钮对象。构造函数中的 window 参数用于指定控件所在的父容器，text 参数用于设置在按钮上显示的文本。
- 第⑤行 label.pack()设置标签布局管理方式，pack 布局是简单的首选布局，将控件以水平或垂直方式摆放。
- 第⑥行 button 将控件摆放到窗口底部。side 参数用于设置控件在父容器中沿边的位置，它的取值有 4 个，分别是 LEFT（沿左边）、TOP（沿顶边）、RIGHT（沿右边）和 BOTTOM（沿底边），默认值是 TOP。
- 第⑦行将窗口对象加入主事件循环（事件循环是一种事件或消息分发处理机制），在大部分图形用户界面程序中，在 GUI 程序中响应用户事件是通过事件循环实现的。

12.1.2 为按钮添加事件处理功能

在如图 12-2 所示的实例中，我们在单击 OK 按钮时，能否让按钮具有事件处理功能呢？

能，下面实现单击 OK 按钮时，将标签的内容修改为 HelloWorld。

扫码看视频

实现代码如下：

```
# coding=utf-8
# 代码文件：chapter12/ch12.1.2.py
import tkinter as tk

window = tk.Tk()

window.geometry('320x100')

window.title('我的第 1 个 Tkinter 程序！')

''' 事件处理函数 '''


def onClick():                                              ①
    label.config(text='Hello World！')                      ②


# 创建标签对象
label = tk.Label(window, text='Hello, Tkinter')
# 创建按钮对象
button = tk.Button(window, text='OK', command=onClick)      ③
label.pack()
button.pack(side=tk.BOTTOM)
window.mainloop()
```

代码解释如下。

- 第①行定义一个事件处理函数，为用户单击按钮时调用的函数。
- 第②行通过标签控件 label 的 config 函数修改标签控件显示的文本信息，text 参数表示标签显示的文本信息。
- 第③行创建按钮对象，其构造函数的 command 参数设置按钮单击事件触发时调用的函数。

12.2 布局管理

在图形用户界面的窗口中可能会有很多子窗口或控件，对它们如何布局呢？即控件的排列顺序、大小和位置等。

使用布局管理能解决的问题：①控件的位置和大小不会随着父窗口的变化而变化；②在不同平台上显示的效果可能差别不大；③在不同分辨率下显示的效果可能差别不大；④在动态添加或删除控件后，不需要重新设计界面布局。

Tkinter 提供以下三种布局管理器。

- pack：Tkinter 的首选布局，按顺序逐个摆放控件。
- grid：网格布局管理器，提供了行和列摆放控件。
- place：最复杂的布局管理器，使用绝对定位方式，在开发时尽量少使用，本书也不会介绍该布局管理器。

12.2.1 pack 布局的更多属性

在 12.1.1 节的示例中虽然用到了 pack 布局，但只用到了 pack 布局的 side 属性，还有其他属性吗？

pack 布局的主要属性如下。

扫码看视频

（1）side 属性：在 2.1.1 节已介绍，这里不再赘述。

（2）fill 属性：设置控件在父容器中的填充方向，取值为 X（沿 x 轴方向填充）、Y（沿 y 轴方向填充）、BOTH（沿两个方向填充）和 NONE，默认值是 NONE。

（3）expand 属性：可以设置 fill 属性是否生效。如果想让 fill 属性生效，则需要将 expand 属性设置为 YES、TRUE、ON 或 1。如果想让 fill 属性失效，则需要将 expand 属性设置为 NO、FALSE、OFF 或 0。expand 属性的值默认是 0。

示例代码如下：

```
# coding=utf-8
# 代码文件：chapter12/ch12.2.1.py
import tkinter as tk

window = tk.Tk()

window.geometry('300x200')

buttonX = tk.Button(window, text='填充 x 轴方向', bg='red', height=5)
buttonX.pack(fill=tk.X)                                                  ①
buttonY = tk.Button(window, text='填充 y 轴方向', bg='green', width=10)
buttonY.pack(side='left', fill=tk.Y)                                     ②

window.mainloop()
```

代码解释如下。

- 第①行设置 buttonX 按钮沿 x 轴方向填充，如图 12-3 所示。
- 第②行设置 buttonY 按钮沿 y 轴方向填充，如图 12-3 所示。

/ 趣玩 Python：自动化办公真简单（双色+视频版）/

图 12-3

12.2.2　grid 布局

扫码看视频

grid 布局通过 row 和 column 属性指定控件在单元格中的位置，row 和 column 属性从 0 开始。

能举个"栗子"吗？

好，如图 12-4 所示，在窗口中摆放了 6 个文本输入框（Entry）控件，并设置了它们的背景颜色。

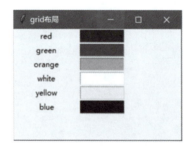

图 12-4

示例代码如下：

```
# coding=utf-8
# 代码文件：chapter12/ch12.2.2.py
import tkinter as tk

window = tk.Tk()

window.geometry('280x180')

window.title('grid 布局')
```

·252·

```
colours = ['red', 'green', 'orange', 'white', 'yellow', 'blue']

r = 0
for c in colours:
    tk.Label(text=c, width=15).grid(row=r, column=0)         ①
    tk.Entry(bg=c, width=10).grid(row=r, column=1)           ②
    r = r + 1
window.mainloop()
```

代码解释如下。

- 第①行创建标签控件,并且设置控件在单元格中的位置。
- 第②行创建标签文本输入控件,并且设置控件在单元格中的位置。

12.3 工作中常用的控件

能介绍 Tkinter 中的一些常用控件吗?

Tkinter 中的控件太多了!

那介绍一下工作中的常用控件吧!

好,下面介绍 messagebox、进度条和文件选择器这三个控件!

12.3.1 使用 messagebox

扫码看视频

messagebox 能够弹出一个消息提示框,为用户提示信息或者询问用户接下来的操作。Tkinter 中的 messagebox 控件类提供了以下 8 个函数。

(1) showinfo:显示一些提示或确认信息,例如:登录或发送信息成功提示,如图 12-5(a)所示。

(2) showerror:显示错误提示框,同时发出警告音,如图 12-5(b)所示。

(3) showwarning:显示警告提示框,如图 12-5(c)所示。

(4) askquestion:为具有"是"和"否"两个按钮的询问框,当用户单击"是"按钮时,返回'yes';当用户单击"否"按钮时,返回'no',如图 12-5(d)所示。

(5) askokcancel:为具有"确定"和"取消"两个按钮的询问框,当用户单击"确定"按钮时,返回 True;当用户单击"取消"按钮时,返回 False,如图 12-5(e)所示。

（6）askyesno：类似于 askquestion 函数，区别是当用户单击"是"按钮时，返回 True；当用户单击"否"按钮时，返回 False，如图 12-5(f)所示。

（7）askyesnocancel：为具有"是""否"和"取消"三个按钮的询问框，当用户单击"是"按钮时，返回 True；当用户单击"否"按钮时，返回 False；当用户单击"取消"按钮时，返回 None，如图 12-5(g)所示。

（8）askretrycancel：为具有"重试"和"取消"两个按钮的询问框，当用户单击"重试"按钮时，返回 True；当用户单击"取消"按钮时，返回 False，如图 12-5(h)所示。

图 12-5

如何使用 messagebox 呢？

如图 12-6 所示，在窗口中摆放了 8 个按钮，分别用于测试 messagebox 的 8 个函数。

图 12-6

示例代码如下：

```python
# coding=utf-8
# 代码文件：chapter12/ch12.3.1.py
import tkinter as tk
from tkinter import messagebox

window = tk.Tk()

window.title('messagebox！')
# 设定窗口的大小（宽度 x 高度）
window.geometry('320x258')


def onClick1():
    # 调用 showinfo 函数
    messagebox.showinfo('信息', '打开文件 ABC.txt!')


def onClick2():
    # 调用 showerror 函数
    messagebox.showerror('错误', '文件没有找到！')


def onClick3():
    # 调用 showwarning 函数
    messagebox.showwarning('警告', '忽略文件的后缀名！')


def onClick4():
    # 调用 askquestion 函数
    ret = messagebox.askquestion('询问用户', '您想继续吗？')
    print(ret)


def onClick5():
    # 调用 askyesnoaskokcancel 函数
    ret = messagebox.askokcancel('询问用户', '您确认删除文件吗？')
    print(ret)


def onClick6():
    # 调用 askyesno 函数
    ret = messagebox.askyesno('询问用户', '您想继续吗？')
    print(ret)
```

·255·

```
def onClick7():
    # 调用 askyesnocancel 函数
    ret = messagebox.askyesnocancel('询问用户', '您想继续吗？')
    print(ret)


def onClick8():
    # 调用 askretrycancel 函数
    ret = messagebox.askretrycancel('打开失败', '打开文件失败！您想继续尝试吗？')
    print(ret)


# 创建按钮对象
button1 = tk.Button(window, text='测试 showinfo 函数', command=onClick1)
button2 = tk.Button(window, text='测试 showerror 函数', command=onClick2)
button3 = tk.Button(window, text='测试 showwarning 函数', command=onClick3)
button4 = tk.Button(window, text='测试 askquestion 函数', command=onClick4)
button5 = tk.Button(window, text='测试 askokcancel 函数', command=onClick5)
button6 = tk.Button(window, text='测试 askyesno 函数', command=onClick6)
button7 = tk.Button(window, text='测试 askyesnocancel 函数', command=onClick7)
button8 = tk.Button(window, text='测试 askretrycancel 函数', command=onClick8)

button1.pack(fill=tk.BOTH)
button2.pack(fill=tk.BOTH)
button3.pack(fill=tk.BOTH)
button4.pack(fill=tk.BOTH)
button5.pack(fill=tk.BOTH)
button6.pack(fill=tk.BOTH)
button7.pack(fill=tk.BOTH)
button8.pack(fill=tk.BOTH)

# 将窗口对象加入主事件循环
window.mainloop()
```

12.3.2 进度条

Tkinter 提供的进度条（Progressbar）如图 12-7 所示，能够反馈一个长时间执行的任务的进展情况，在自动化办公中很常用。

图 12-7

Progressbar 构造函数如下：

Progressbar(container, orient, length, mode)

其中的参数如下。

- container：进度条方向所在的父容器。
- orient：进度条方向，取值有'horizontal'或'vertical'，'horizontal'是水平方向进度条，'vertical'是垂直方向进度条。
- length：表示水平进度条的高度或宽度。
- mode：进度条模式，取值有'determinate'或'indeterminate'。'determinate'表示确定通过计算能够知道当前任务的进展情况，可以给用户提供完成进度比例，还可以估算任务结束的时间。例如：Windows 的安装进度会显示安装了百分之几，还有多长时间完成，确定进度模式能够给用户带来很好的体验。'indeterminate'表示不确定进度，是一些无法计算进展情况的任务，不确定这些任务何时结束，但可以知道是进行还是停止。

进度条是个好东西，怎么使用呢？能举个"栗子"吗？

能，如图 12-8 所示，在窗口中摆放了两个按钮和分别测试两种模式的进度条。

图 12-8

示例代码如下：

```
# coding=utf-8
# 代码文件：chapter12/ch12.3.2.py

import time
import tkinter as tk
import tkinter.ttk as ttk
from random import random
from tkinter import messagebox

window = tk.Tk()

window.title('进度条')
```

```python
# 设定窗口的大小（宽度 x 高度）
window.geometry('320x130')

''' 定义 onClick1 函数 '''

def onClick1():
    # 启动进度条 pb1 动画，进度条滑块开始运动起来
    pb1.start()
    for i in range(5):
        window.update_idletasks()    # 在任务处理空闲时更新界面
        pb1['value'] += 20           # 累加并更新进度条数值
        
        time.sleep(1)
    
    pb1.stop()
    messagebox.showinfo('信息', '任务 1 完成。')


def onClick2():
    # 进度条动画开始
    pb2.start()

# 创建按钮对象
button1 = tk.Button(window, text='确定进度栏', command=onClick1)
button2 = tk.Button(window, text='不确定进度栏', command=onClick2)

# 创建水平进度条 pb1 对象
pb1 = tk.ttk.Progressbar(window,                    ①
                         orient=tk.HORIZONTAL,
                         mode='determinate',
                         length=100)
# 创建水平进度条 pb2 对象
pb2 = ttk.Progressbar(window,                       ②
                      orient=tk.HORIZONTAL,
                      length=10,
                      mode='indeterminate')

button1.pack(fill=tk.BOTH)
pb1.pack(fill=tk.BOTH)
button2.pack(fill=tk.BOTH)
pb2.pack(fill=tk.BOTH)
```

```
# 将窗口对象加入主事件循环
window.mainloop()
```

代码解释如下。

- 第①行创建水平进度条 pb1 对象,其中 mode='determinate',说明创建的是确定进度的进度条。
- 第②行创建水平进度条 pb2 对象,其中 mode='indeterminate',说明创建的是不确定进度的进度条。

12.3.3 文件选择器

扫码看视频

Tkinter 提供的文件选择器控件类是 filedialog,在 filedialog 类中有多个函数,这些函数可以弹出多种形式的文件选择框。这些函数如下。

(1) askopenfilename:选择单个文件,返回该文件的完整路径的字符串。

(2) askopenfilenames:选择多个文件,返回多个文件的完整路径的元组。

(3) askdirectory:选择目录,返回目录名。

(4) askopenfile:选择单个文件,返回该文件对象。

(5) askopenfiles:选择多个文件,返回多个文件对象的元组。

 我感觉文件选择器还是挺复杂的!能举个"栗子"吗?

能,如图 12-9 所示,在窗口中摆放了 4 个按钮,当用户单击"读取 csv 文件内容"按钮时,可以选择并打开 CSV 文件,然后将 CSV 文件的内容展示在下面的文本区域(text)控件中。

图 12-9

示例代码如下：

```python
# coding=utf-8
# 代码文件：chapter12/ch12.3.3.py
import tkinter as tk
from tkinter import filedialog, messagebox, INSERT, END

window = tk.Tk()

window.title('文件对话框！')
window.geometry('800x500')


def onClick1():
    filetypes = [('Python 文件', '*.py'),                    ①
                 ('文本文件', '*.txt'),
                 ('所有文件', '*.*')]
    # 选择单个文件，返回文件名
    ret = filedialog.askopenfilename(title='选择单个文件',    ②
                                     initialdir='~/Desktop',
                                     filetypes=filetypes)
    print(ret)
    if ret is None or ret == '':
        messagebox.showwarning('选择文件', '未选中任何文件！')
    else:
        messagebox.showinfo('选择文件', ret)                  ③


def onClick2():
    # 选择多个文件，返回多个文件名的元组
    ret = filedialog.askopenfilenames()                      ④
    if ret is None or ret == '':
        messagebox.showwarning('选择文件', '未选中任何文件！')
    else:
        messagebox.showinfo('选择文件', ret)                  ⑤


def onClick3():
    # 选择目录，返回目录名
    ret = filedialog.askdirectory()                          ⑥
    if ret is None or ret == '':
        messagebox.showwarning('选择目录', '未选中任何目录！')
    else:
        messagebox.showinfo('选择目录', ret)
```

```
def onClick4():
    filetypes = [('csv 文件', '*.csv'),
                 ('文本文件', '*.txt'),
                 ('所有文件', '*.*')]
    # 选择并打开文件，返回文件对象
    fd = filedialog.askopenfile(title='选择文本文件',                    ⑦
                                initialdir='./data',
                                filetypes=filetypes)
    if fd is None:
        messagebox.showwarning('选择目录', '未选中任何文件！')
    else:
        # 读取文件的内容
        content = fd.read()                                              ⑧
        # 在 text 控件后面追加文本
        text.insert(END, content)                                        ⑨
        # 在 text 控件中插入文本
        # text.insert(INSERT, content)


button1 = tk.Button(window, text='选择单个文件', command=onClick1)
button2 = tk.Button(window, text='选择多个文件', command=onClick2)
button3 = tk.Button(window, text='选择目录', command=onClick3)
button4 = tk.Button(window, text='读取 csv 文件内容', command=onClick4)

text = tk.Text(window)   # 创建 text 控件

# 添加按钮控件到窗口
button1.pack(fill=tk.BOTH)
button2.pack(fill=tk.BOTH)
button3.pack(fill=tk.BOTH)
button4.pack(fill=tk.BOTH)
text.pack(fill=tk.BOTH)

window.mainloop()
```

代码解释如下。

- 第①行声明变量 filetypes，它指定文件选择器能选择的文件类型。filetypes 变量是元组或列表类型，其中的每一个元素又是元组类型。filetypes 变量的内容如图 12-10 所示。指定文件类型的文件选择器，弹出的对话框如图 12-11 所示，在文件类型下拉列表中有三个选项可以选择，这三个选项是通过 filetypes 参数指定的。
- 第②行通过 askopenfilename 函数返回选中的单个文件，其中 initialdir 参数用于设置选择文件时的初始目录，"'~/Desktop'"表示当前用户的桌面文件夹。askopenfilename 函数的返回值 ret

是选中的文件的完整路径，是字符串类型。
- 第③行弹出消息提示框，展示选中的文件路径，如图 12-12 所示。
- 第④行通过 askopenfilenames 函数返回选择的多个文件列表。注意，在 Windows 系统中选中多个文件时，需要同时按住 Ctrl 键及鼠标左键进行。
- 第⑤行弹出消息提示框，展示选中的文件路径，如图 12-13 所示。
- 第⑥行通过 askdirectory 函数选择文件目录。
- 第⑦行通过 askopenfile 函数选择并打开文件，返回文件对象 fd。
- 第⑧行通过文件对象的 read 函数读取文件的内容，使用该函数可打开文本文件，注意，非文本文件不能使用该函数打开。
- 第⑨行将读取的文件内容放入 text 控件，其中，END 参数是在 text 控件后面追加的。如果使用 INSERT 参数，则将文本插入控件。

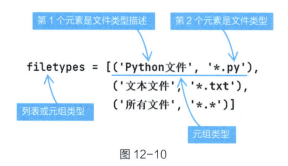

图 12-10

图 12-11

图 12-12　　　　　　　　图 12-13

第 13 章　将 Python 程序打包成 .exe 文件

之前编写的 Python 程序都必须在安装了 Python 解释器的计算机上才能运行！但我们并不能确保其他同事的计算机都安装了 Python 解释器。为了避免出现这个问题，我们可以将 Python 程序打包成可执行文件，在 Windows 下则是 .exe 文件。

Python 程序主要的打包工具有哪些呢？能否详细介绍一下？

Python 程序主要的打包工具如下。

（1）py2exe：经典的、老牌的 Python 程序打包工具，但只能在 Windows 下使用，在 MacOS 系统上对应的工具是 py2app。py2exe 的缺点：打包后的文件较大，跨平台支持不好，使用起来比较麻烦。

（2）Pyinstaller：对于跨平台打包支持得较好，但是操作比较复杂，而且用 pyinstaller 工具打包后文件较大。

（3）Nuitka：功能强大，可以将 Python 程序转换成基于 C 语言的可执行文件，这样打包后的可执行文件的执行速度快，但打包过程比较复杂。

（4）auto-py-to-exe：是对 PyInstaller 工具的图形界面的封装，适合初学者使用。

13.1 安装 auto-py-to-exe 工具

扫码看视频

听你一说，auto-py-to-exe 工具很适合我们这些初学者使用，能否详细介绍其安装过程？

当然能！下面就进行详细介绍。

安装 auto-py-to-exe 库的 pip 指令如下：

pip install　auto-py-to-exe

安装成功后，可以在终端窗口或命令提示符中执行如下指令启动 auto-py-to-exe 工具：

auto-py-to-exe

启动 auto-py-to-exe 工具成功后，界面如图 13-1 所示。

图 13-1

第 13 章　将 Python 程序打包成 .exe 文件

> **提示：** 如果在命令提示符中无法找到 auto-py-to-exe 指令，则需要查看<Python 安装路径>\Scripts 目录是否被设置到环境变量 PATH 中，如图 13-2 所示。

图 13-2

13.2　使用 auto-py-to-exe 工具

听你一说，我觉得 auto-py-to-exe 工具很适合我们这些初学者，能举个"栗子"吗？

好，这里以 12.1.2 节的示例为例，将其打包成可执行的 .exe 文件。

扫码看视频

ch12.1.2.py 文件的打包步骤如图 13-3 所示，如下所述。

（1）选择脚本文件（Python 程序文件）。

（2）选择生成的打包文件是"单文件"还是"单目录"。

（3）选择基于控制台的程序，基于控制台的程序在运行时会启动终端窗口。在一般情况下，GUI 程序需要隐藏控制台。

（4）选择生成文件的路径，默认是当前用户目录下的 output 目录。

（5）在设置完成无误后，单击"将.PY 转换为.EXE"按钮生成.exe 文件。

图 13-3

打包效果如图 13-4 所示。

第 13 章　将 Python 程序打包成 .exe 文件

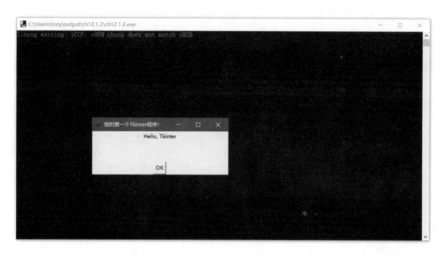

图 13-4

在文件生成成功后，在输出目录下有一个 ch12.1.2 文件夹，如图 13-5 所示，其中的 ch12.1.2.exe 文件是我们需要的可执行文件，双击该文件即可运行。

图 13-5

13.3 打包成单个文件还是目录

扫码看视频

打包成单个文件和目录有什么区别？

打包成单个可执行文件固然很方便，但是打包后的单个文件会有很多问题。

打包成单个文件的问题如下。

（1）打包后的文件较大。

（2）文件加载速度慢。

（3）文件执行速度相对于单个目录慢。

（4）加载额外的资源时可能发生错误。

13.4 包含资源文件怎么办

扫码看视频

我们的很多程序都会访问一些额外的资源文件，例如在5.2.1节的示例中需要在程序中访问"北京房价数据.xlsx"文件，在这种情况下应该怎么打包呢？

这里以5.2.1节的示例为例，将其打包成可执行的.exe文件。

打包时添加资源文件的步骤如图13-6所示，如下所述。

（1）单击"附加文件"菜单，可以在此添加额外的资源文件，如果要添加的文件较多，则可以添加目录。

（2）单击"添加目录"按钮，添加资源目录。

（3）在添加完成后，单击"将.PY 转换为.EXE"按钮，开始生成.exe 文件。

文件生成成功后，在输出目录下会包含添加的资源文件或资源目录，如图13-7所示，其中包含了刚刚添加的资料目录 data。

第 13 章 将 Python 程序打包成 .exe 文件

图 13-6

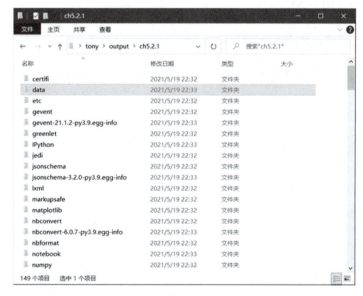

图 13-7

反侵权盗版声明

电子工业出版社依法对本作品享有专有出版权。任何未经权利人书面许可，复制、销售或通过信息网络传播本作品的行为；歪曲、篡改、剽窃本作品的行为，均违反《中华人民共和国著作权法》，其行为人应承担相应的民事责任和行政责任，构成犯罪的，将被依法追究刑事责任。

为了维护市场秩序，保护权利人的合法权益，我社将依法查处和打击侵权盗版的单位和个人。欢迎社会各界人士积极举报侵权盗版行为，本社将奖励举报有功人员，并保证举报人的信息不被泄露。

举报电话：（010）88254396；（010）88258888

传　　真：（010）88254397

E-mail: dbqq@phei.com.cn

通信地址：北京市万寿路173信箱　电子工业出版社总编办公室

邮　　编：100036